小学館学習まんがシリーズ

名探偵コナン　実験・観察ファイル

サイエンスコナン

SCIENCE CONAN

磁《じ》石《しゃく》の不《ふ》思《し》議《ぎ》

原作／青山剛昌
監修／ガリレオ工房
まんが／金井正幸　構成／岩岡としえ

みなさんへ――この本《ほん》のねらい

コナンとともに科学《かがく》を楽《たの》しもう!

みなさん、こんにちは。これから、名探偵《めいたんてい》コナンと一緒《いっしょ》に科学《かがく》を楽《たの》しんでいきましょう。

科学《かがく》の楽《たの》しさの一《ひと》つは、実験《じっけん》です。『サイエンスコナン』シリーズには、毎回《まいかい》たくさんの実験《じっけん》が紹介《しょうかい》されます。その全部《ぜんぶ》を知《し》っている人《ひと》は、専門家《せんもんか》にもあまりいないはずです。なぜなら、あまり知《し》られていない新《あたら》しい実験《じっけん》もたくさんあるからです。しかも、ほかの多《おお》くの本《ほん》で紹介《しょうかい》されてきた実験《じっけん》は、学校《がっこう》などの設備《せつび》の整《ととの》った場所《ばしょ》でしかできない場合《ばあい》が多《おお》いのですが、コナンが紹介《しょうかい》する実験《じっけん》は、

家庭《かてい》でもできるものがほとんどです。家族《かぞく》やお友《とも》だちと実験《じっけん》に挑戦《ちょうせん》しましょう！

　コナンは名探偵《めいたんてい》ですから推理《すいり》が得意《とくい》です。状況《じょうきょう》を注意深《ちゅういぶか》く観察《かんさつ》し、それをヒントに犯人《はんにん》を推理《すいり》する仮説《かせつ》を立《た》て、その仮説《かせつ》を確《たし》かめるための証拠《しょうこ》を集《あつ》め、犯人《はんにん》を特定《とくてい》していきます。これは科学者《かがくしゃ》が行《おこな》っている科学的《かがくてき》な推理《すいり》とまったく同《おな》じです。ですから、みなさんもコナンのように実験《じっけん》の結果《けっか》を推理《すいり》してみてくださいね。

　お父《とう》さんやお母《かあ》さんが子《こ》どもだった頃《ころ》には、地球《ちきゅう》の裏側《うらがわ》にいる人《ひと》と携帯電話《けいたいでんわ》で話《はな》せる時代《じだい》が来《く》るとは、予想《よそう》もしなかったと思《おも》います。科学《かがく》は、私《わたし》たちの生活《せいかつ》や考《かんが》え方《かた》をどんどん変《か》えているのです。新《あたら》しい時代《じだい》に必要《ひつよう》な科学的《かがくてき》な知識《ちしき》と考《かんが》え方《かた》を、コナンと一緒《いっしょ》に見《み》つけましょう！

サイエンスコナン もくじ 磁《じ》石《しゃく》の不《ふ》思《し》議《ぎ》

みなさんへ――この本《ほん》のねらい―― 2

FILE.《ファイル》 1 世《よ》にも不《ふ》思《し》議《ぎ》な磁《じ》石《しゃく》パワー！ 8

仮面《かめん》ヤイバーショーを見《み》るために、トロピカルランドに遊《あそ》びにやってきたコナンたち。ヤイバーの敵役《てきやく》として登場《とうじょう》した謎《なぞ》の怪人《かいじん》・ジシャクオニの様子《ようす》がおかしい……いきなり事件発生《じけんはっせい》!!

キミも実験《じっけん》！ 磁石《じしゃく》に引《ひ》きよせられるものを探《さが》せ！ 22

FILE. 2 いろいろなところに磁《じ》石《しゃく》！ 24

トロピカルランドに行《い》った翌日《よくじつ》。学校《がっこう》では、光彦《みつひこ》、元太《げんた》、歩美《あゆみ》が、阿笠博士《あがさはかせ》からもらった磁石《じしゃく》に何《なに》が引《ひ》きよせられるか試《ため》しているよ。磁石《じしゃく》って、どんなところで役《やく》に立《た》っているんだろうね。

キミも実験《じっけん》！ 磁気《じき》カードの秘密《ひみつ》を暴《あば》け！ 36

FILE. 3

磁石《じしゃく》は引《ひ》きよせるだけじゃない！ 38

阿笠博士《あがさはかせ》の研究所《けんきゅうじょ》で、コナンたちは磁石《じしゃく》を使《つか》った実験《じっけん》に挑戦《ちょうせん》するよ。まち針《ばり》やベアリングを使《つか》った実験《じっけん》の結果《けっか》はどうなるかな？　光彦《みつひこ》、元太《げんた》、歩美《あゆみ》たちと一緒《いっしょ》に、キミも予想《よそう》してね。

コナンと実験《じっけん》！
火星人《かせいじん》のダンス 40
ミラクルなベアリング 45

キミも実験《じっけん》！
ピョコピョココナンを作《つく》ろう 50

FILE. 4

磁石《じしゃく》が作《つく》る磁力線《じりょくせん》 54

どうして磁石《じしゃく》は引《ひ》きよせたり反発《はんぱつ》したりするのかな？　その謎《なぞ》を解《と》く鍵《かぎ》は、磁力線《じりょくせん》というものなんだって。磁力線《じりょくせん》は目《め》に見《み》えないものだけど、実《じつ》は簡単《かんたん》に見《み》られる方法《ほうほう》があるよ。

コナンと実験《じっけん》！
世《よ》にも不思議《ふしぎ》な磁力線《じりょくせん》 60

キミも実験《じっけん》！
まるで芸術《げいじゅつ》!? 立体磁力線《りったいじりょくせん》 68

FILE. 5

方位磁石《ほういじしゃく》はとっても便利《べんり》！ 70

ピクニックにやってきた阿笠博士《あがさはかせ》と少年探偵団《しょうねんたんていだん》。どうやら森《もり》の中《なか》で道《みち》に迷《まよ》っちゃったみたい。無事《ぶじ》に帰《かえ》るためには方位磁石《ほういじしゃく》が必要《ひつよう》なんだけど、何《なに》か代《か》わりになるものはないかな？

コナンと実験《じっけん》！
方位《ほうい》がわかるマグネチックイヤホン 80

キミも実験《じっけん》！
古代中国《こだいちゅうごく》の方位磁石《ほういじしゃく》を作《つく》ろう！ 84
持《も》ち運《はこ》べる方位磁石《ほういじしゃく》を作《つく》ろう！ 86

FILE. 6
小《ちい》さくなっても磁《じ》石《しゃく》は磁《じ》石《しゃく》？ 90

元太《げんた》が転《ころ》んでフェライト磁石《じしゃく》を割《わ》ってしまった！「割《わ》れたって磁《じ》石《しゃく》は磁石《じしゃく》さ」とコナンは言《い》うけど、それってどういうこと？ さらに、もっと細《こま》かく砕《くだ》いたらどうなるかも実験《じっけん》してみよう。

コナンと実験《じっけん》！ 小《ちい》さく砕《くだ》いたフェライト磁石《じしゃく》 96

FILE. 7
強力《きょうりょく》！ ネオジム磁石《じしゃく》!! 102

阿笠博士《あがさはかせ》から強力《きょうりょく》なネオジム磁石《じしゃく》をもらった少年探偵団《しょうねんたんていだん》。さっそくこの磁石《じしゃく》を使《つか》って実験《じっけん》だ！ 博士《はかせ》が用意《ようい》したものは、お札《さつ》、干《ほ》しぶどう、きゅうりなど。反応《はんのう》するのはどれだろう？

コナンと実験《じっけん》！ ネオジム磁石《じしゃく》で引《ひ》きよせろ！ 110

キミも実験《じっけん》！ 磁力《じりょく》で酸素《さんそ》を引《ひ》きよせろ！ 114

FILE. 8
サンルーム殺人事件《さつじんじけん》―前編《ぜんぺん》―磁化《じか》って何《なに》？ 116

小五郎《こごろう》、蘭親子《らんおやこ》と一緒《いっしょ》に、コナンたちは植物園《しょくぶつえん》にやってきた。ところが、植物園《しょくぶつえん》のサンルームで殺人事件発生《さつじんじけんはっせい》！ サンルームの唯一《ゆいいつ》のトビラには〝がんぬき〟がされ、密室《みっしつ》になっていた！

コナンと実験《じっけん》！ 鉄《てつ》の釘《くぎ》が磁石《じしゃく》になる!? 130

FILE. 9

サンルーム殺人事件《さつじんじけん》 後編《こうへん》 磁力《じりょく》が消《き》える!? 140

サンルームが密室《みっしつ》になったのは、磁化《じか》に関係《かんけい》があると推理《すいり》したコナン。ネオジム磁石《じしゃく》を使《つか》って密室《みっしつ》のトリックを暴《あば》くぞ。真犯《しんはん》人《にん》は意外《いがい》な人物《じんぶつ》!! キミの推理《すいり》は当《あ》たっていたかな？

コナンと実験《じっけん》！ 磁化《じか》された釘《くぎ》の磁力《じりょく》を消《け》せ！ 142

キミも実験《じっけん》！ ゼムクリップが落下《らっか》する不思議《ふしぎ》!? 158

FILE. 10

地球《ちきゅう》は大《おお》きな磁石《じしゃく》 160

磁石《じしゃく》に詳《くわ》しくなったコナンたちへ、阿笠博士《あがさはかせ》から最後《さいご》の問題《もんだい》が出《だ》されたよ。それは「地球《ちきゅう》で一番《いちばん》大《おお》きな磁石《じしゃく》とは？」というもの。ヒントは方位磁石《ほういじしゃく》だよ。キミならなんて答《こた》えるかな。

コナンと実験《じっけん》！ 探《さが》そう！天然《てんねん》の磁石《じしゃく》 166

コナンに挑戦《ちょうせん》！

磁石《じしゃく》ばねの重《おも》さは？ 52

ゼムクリップを何個《なんこ》つけられる？ 172

名探偵《めいたんてい》コナン vs ガリレオ工房《こうぼう》

①キック力《りょく》増強《ぞうきょう》シューズで大木《たいぼく》は倒《たお》れるの？ 100

②犯人追跡《はんにんついせき》メガネは実現可能《じつげんかのう》なの？ 138

めざせ！磁石博士《じしゃくはかせ》

物語《ものがたり》に出《で》てくる磁石《じしゃく》

①『毛抜《けぬき》』（歌舞伎《かぶき》） 88

②『ガリバー旅行記《りょこうき》』 136

磁力《じりょく》で動《うご》く未来《みらい》の乗《の》り物《もの》 リニアモーターカー 174

真実《しんじつ》はいつもひとつ！
それは、科学《かがく》の世界《せかい》でも言《い》えること……。
今回《こんかい》は僕《ぼく》といっしょに磁石《じしゃく》の真実《しんじつ》を追究《ついきゅう》していこう！
江戸川《えどがわ》コナン
高校生名探偵《こうこうせいめいたんてい》・工藤新一《くどうしんいち》が、ナゾの薬《くすり》によってこの体《からだ》に……。でも頭脳《ずのう》は新一《しんいち》のままなんだ！
磁石《じしゃく》なんか知《し》ってるって？
でも——
磁石《じしゃく》にはまだまだみんなの知《し》らないことがたくさんあるはずだよ！
N
S
おっとと
迷宮《めいきゅう》なしの名探偵《めいたんてい》は、科学《かがく》の世界《せかい》でも名探偵《めいたんてい》だ!!
さてさて——
今日《きょう》は休《やす》みの日《ひ》、少年探偵団《しょうねんたんていだん》のみんなは蘭《らん》といっしょにトロピカルランドに来《き》てるんだ！
TROPICAL LAND
それでは——磁石《じしゃく》の不思議《ふしぎ》スタ——ト！

F1-1

FILE《ファイル》 1 世《よ》にも不《ふ》思《し》議《ぎ》な磁《じ》石《しゃく》パワー

磁石《じしゃく》って、いったいどんなものなんだろう？ ファイル1では、磁石《じしゃく》がどんな性《せい》質《しつ》を持《も》っているものなのかが、わかっちゃうよ！

吉田歩美《よしだあゆみ》
帝丹小学校《ていたんしょうがっこう》に通《かよ》う、コナンと同《どう》級生《きゅうせい》のいつも明《あか》るく元気《げんき》な女《おんな》の子《こ》。実《じつ》はコナンのことが好《す》き！
観《かん》らん車《しゃ》、楽《たの》しかった〜〜〜!!
にっこにこっ
今度《こんど》はジェットコースターに乗《の》ろうぜ！
ちょっと〜〜〜、あんたたち〜〜〜！
え〜、次《つぎ》はメリーゴーランドがいい！
小嶋元太《こじまげんた》
帝丹小学校《ていたんしょうがっこう》の1年生《ねんせい》。コナンと同《おな》じクラスで、歩美《あゆみ》、光彦《みつひこ》と少年探偵団《しょうねんたんていだん》を作《つく》る。食《く》いしん坊《ぼう》な男《おとこ》の子《こ》だ。
F1-2
今日《きょう》は乗《の》り物《もの》に乗《の》りに来《き》たんじゃないでしょー！
毛利《もうり》 蘭《らん》
新一《しんいち》と幼《おさな》なじみの帝丹高校《ていたんこうこう》の2年生《ねんせい》。父《ちち》は私立探偵《しりつたんてい》の毛利《もうり》小五郎《こごろう》。コナンが新一《しんいち》だってことは、もちろん知《し》らない。

そーですよ。目的《もくてき》があって来《き》たんですから……。
円谷光彦《つぶらやみつひこ》
帝丹小学校《ていたんしょうがっこう》のクールな１年生《ねんせい》。いろいろなことをよく知《し》っているが、もちろんコナンの頭脳《ずのう》にはかなわない。
まったく。子《こ》どもね……。
灰原《はいばら》　哀《あい》
黒《くろ》の組織《そしき》の仲間《なかま》だったが、裏切《うらぎ》って、コナンと同《おな》じくナゾの薬《くすり》で小学生《しょうがくせい》に。今《いま》は阿笠博士《あがさはかせ》の家《いえ》に住《す》んでいる。
自分《じぶん》だって子《こ》どもじゃんか…。
わざわざトロピカルランドにまでついて来《き》ちゃってさ……。
なんか言《い》った？
……いや別《べつ》に……。
ぜったいジェットコースター!!
メリーゴーランド!!
……。
も〜〜〜〜〜!
今日《きょう》は『仮面《かめん》ヤイバーショー』を見《み》に来《き》たんでしょ!!

F1-3

ははは、そうだった……。
あっ！大変《たいへん》、もうこんな時間《じかん》！
早《はや》くしないとショーが始《はじ》まっちゃう！
よし、急《いそ》ごう!!
ダッ
F1-4
仮面ヤイバーショー
ほっ。間《ま》に合《あ》った！
ちょうど始《はじ》まるところですね。

なんとか前《まえ》の席《せき》に座《すわ》れたね！
よかった、よかった……。
みなさ――ん！
こんにちは――。
どけっ!!
バーン
ドン
きゃ。
ジシャクオニ
仮面《かめん》ヤイバーの敵《てき》の怪人《かいじん》。強力《きょうりょく》な磁石《じしゃく》で、攻撃《こうげき》するらしいけど……。
N
S
おまえ、こっちに来《こ》い！
きゃあ！
ぐい
あっ、歩美《あゆみ》！
お客《きゃく》さんを巻《ま》き込《こ》む芝居《しばい》ですよ、きっと……。
ほっ。そーなのか？ビックリしたぁ。

F1-5

あの怪人《かいじん》は、ジシャクオニっていうのか。それにしても、ジシャクってなんだ？
ひしゃくの親《しん》せきか？
ひしゃくって……。

やれやれ……。
磁石《じしゃく》っていうのは――

磁石《じしゃく》っていったい何《なに》？

磁石《じしゃく》という言葉《ことば》には、〝石《いし》〟という漢字《かんじ》が入《はい》っているよね。その名《な》の通《とお》り、石《いし》の一種《いっしゅ》。でも、最近《さいきん》使《つか》われている磁石《じしゃく》は、鉄《てつ》をはじめとしたいろいろな材料《ざいりょう》で作《つく》られた人工的《じんこうてき》なものなんだ。鉄《てつ》を引《ひ》きよせるという特徴《とくちょう》を役立《やくだ》てて、いろんな場所《ばしょ》に使《つか》われているぞ！

一番《いちばん》の特徴《とくちょう》は、鉄《てつ》を引《ひ》きよせることだね！
S
N

棒磁石《ぼうじしゃく》

このように棒《ぼう》のような形《かたち》をしている棒磁石《ぼうじしゃく》や、丸《まる》くて平《ひら》べったいもの、馬蹄形《ばていけい》など、さまざまな形《かたち》の磁石《じしゃく》があるよ。

すげー！じゃあ、あのジシャクオニもすげーんだな!!
……すげーか？

はなして〜〜〜！
うるさいっ、おとなしくしろ！
N
S
N

ぴたっ
N
ん!? ジシャクオニの手《て》に鉄《てつ》の釘《くぎ》がくっついたぞ……。

F1-6

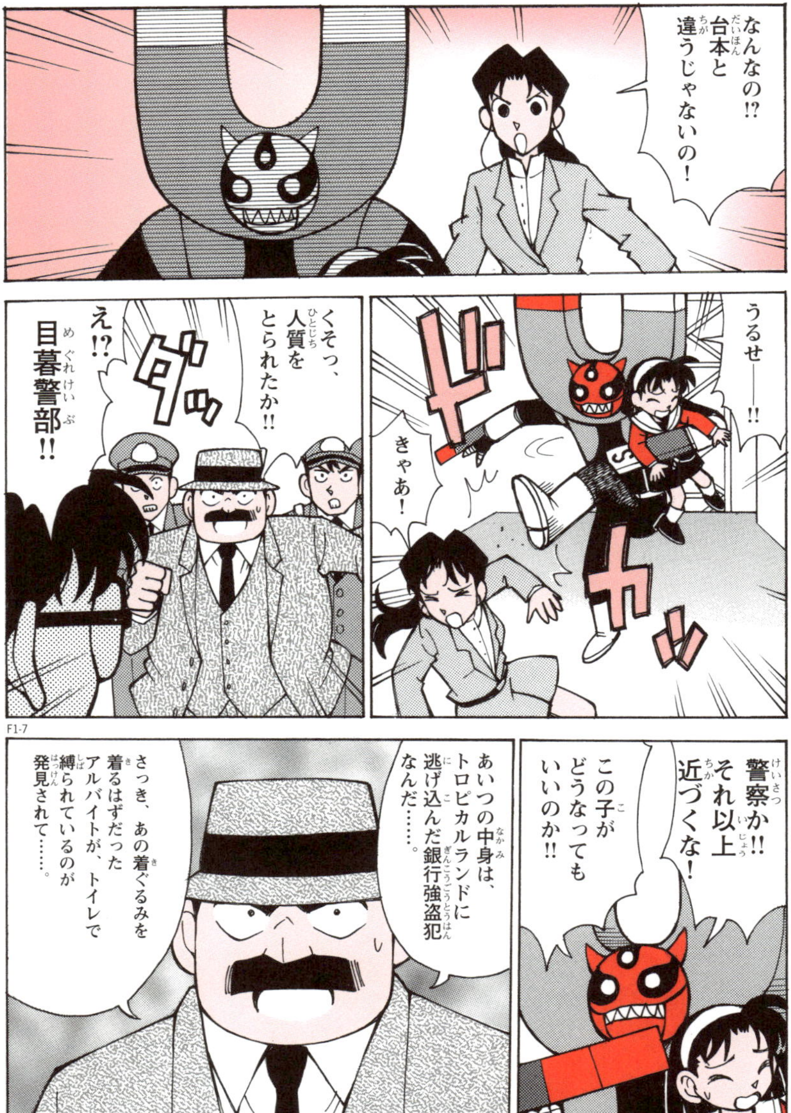

なんなの!? 台本《だいほん》と違《ちが》うじゃないの!
うるせ——!!
ドカッ
きゃあ!
ダッ
くそっ、人質《ひとじち》をとられたか!!
え!? 目《め》暮《ぐれ》警《けい》部《ぶ》!!
警察《けいさつ》か!! それ以上《いじょう》近《ちか》づくな!
この子《こ》がどうなってもいいのか!!
あいつの中身《なかみ》は、トロピカルランドに逃《に》げ込《こ》んだ銀行強盗犯《ぎんこうごうとうはん》なんだ……。
さっき、あの着《き》ぐるみを着《き》るはずだったアルバイトが、トイレで縛《しば》られているのが発見《はっけん》されて……。

F1-7

そうだったのか!!
……。
よし!!
元太《げんた》、光彦《みつひこ》……。犯人《はんにん》に気《き》づかれないように、ここからぬけだすぞ……。
おう……。
そろ〜〜〜り
車《くるま》を用意《ようい》しろ!
N
S
ぬう……。
ひょこ
S
何《なに》をしている!早《はや》くしろ!!
コナンくん!?
何《なに》をする気《き》だ!?
今《いま》だ!
おう!

F1-8

ガシャァン
仮面ヤイ
ヨー
なっ、なんだ!?
ん?
グラッ
うわっ!
ビタッ
くっついてはなれない!!
よし、今《いま》だ!
取《と》り押《お》さえろ!!
ダッ

F1-9

お手柄《てがら》だったな、少年探偵団《しょうねんたんていだん》……。
くそ〜、はなせ〜!
まかせとけって!
でも、どうして犯人《はんにん》の動《うご》きを止《と》められたの?
舞台《ぶたい》に落《お》ちていた釘《くぎ》がジシャクオニの手《て》にくっついたのを見《み》て——、
ピタッ
あの手《て》が磁石《じしゃく》でできてるってわかったんだ。
だから、舞台裏《ぶたいうら》に回《まわ》って鉄製《てっせい》の看板《かんばん》をジシャクオニの足元《あしもと》に落《お》としたら……、
ジシャクオニの手《て》が看板《かんばん》にくっついてはなれなくなったってわけさ!

F1-10

どうして鉄《てつ》は、磁石《じしゃく》に引《ひ》きよせられるの？

実《じつ》は鉄《てつ》の小《ちい》さな粒《つぶ》一《ひと》つ一《ひと》つが磁石《じしゃく》になっているんだ。でも、そのままだと、バラバラに並《なら》んでいるから、磁石《じしゃく》の力《ちから》、つまり、磁力《じりょく》を持《も》たないんだ。その鉄《てつ》に磁石《じしゃく》を近《ちか》づけると、鉄《てつ》の小《ちい》さな磁石《じしゃく》が整列《せいれつ》して同《おな》じ方向《ほうこう》を向《む》くから、磁力《じりょく》を持《も》つようになって、磁石《じしゃく》に引《ひ》きよせられるんだよ。

普通《ふつう》の状態《じょうたい》の鉄《てつ》

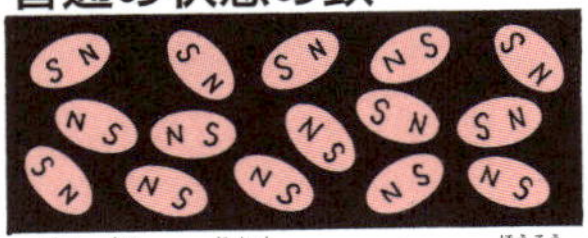

↑鉄《てつ》の小《ちい》さな磁石《じしゃく》が、いろいろな方向《ほうこう》を向《む》いて並《なら》んでいるから、お互《たが》いに打《う》ち消《け》し合《あ》って、磁力《じりょく》を持《も》たないぞ。

磁石《じしゃく》を近《ちか》づけると……。

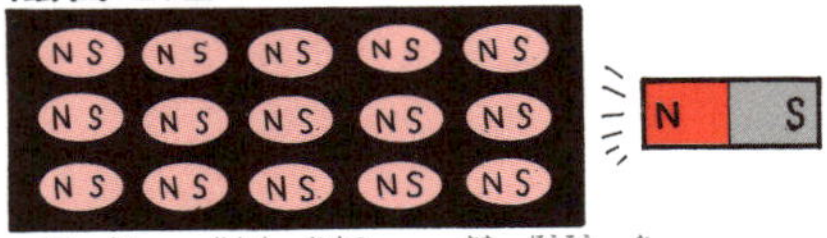

↑鉄《てつ》の小《ちい》さな磁石《じしゃく》が整列《せいれつ》して、同《おな》じ方向《ほうこう》を向《む》くために磁力《じりょく》が発生《はっせい》するんだ。だから磁石《じしゃく》に引《ひ》きよせられるんだね！

F1-11

あっ！
歩美《あゆみ》ちゃん！
え？
え？
ぴゅ
こわかったよ〜〜〜！
コナンくん、ありがとう！
ぴたっ
!?
あの二人《ふたり》、まるで磁石《じしゃく》と鉄《てつ》みたいね！
……まいったな〜〜〜。
オレたちだってがんばったのに〜

F1-12

次《つぎ》の日《ひ》──
ふむふむ、なるほど……。
それは大変《たいへん》じゃったな……。
阿笠博士《あがさはかせ》
新一《しんいち》の家《いえ》の隣《となり》に住《す》む発明家《はつめいか》。コナンが新一《しんいち》だと知《し》っていて、さまざまな探偵道具《たんていどうぐ》を開発《かいはつ》してくれる！
ジシャクオニ、こわかった〜〜〜。
ジシャクオニめ！
とんでもねぇヤツだ！
？
ジシャクオニ？
銀行強盗《ぎんこうごうとう》が中《なか》に入《はい》ってた着《き》ぐるみの怪人《かいじん》だよ。
磁石《じしゃく》の怪人《かいじん》だからジシャクオニなんじゃな！
そういうこと！

でも、もしも本当《ほんとう》にジシャクオニがいたら、すごく大変《たいへん》じゃろうな。

それはどういうこと？
？
？
？
うむ……。

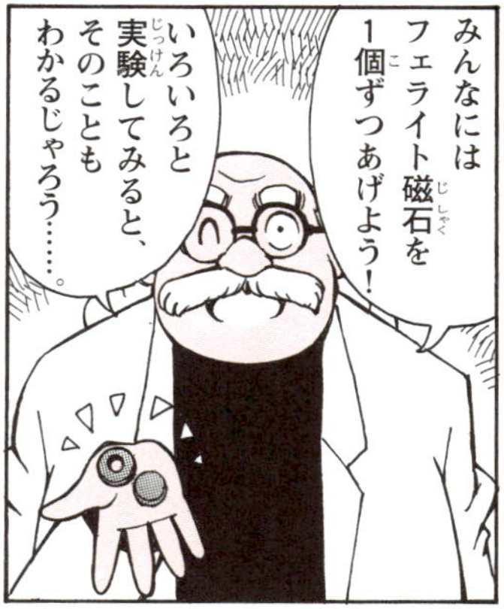
みんなにはフェライト磁石《じしゃく》を1個《こ》ずつあげよう！
いろいろと実験《じっけん》してみると、そのこともわかるじゃろう……。

フェライト磁石《じしゃく》

酸化鉄《さんかてつ》を材料《ざいりょう》にして作《つく》られた磁石《じしゃく》。安《やす》くて手《て》に入《はい》りやすいのが特徴《とくちょう》。ほとんどが黒《くろ》い色《いろ》をしていて、円《えん》ばん型《がた》や、リング型《がた》などなど、いろいろな形《かたち》のものがある。文房具屋《ぶんぼうぐや》さんなどでも、手《て》に入《い》れることができるぞ。

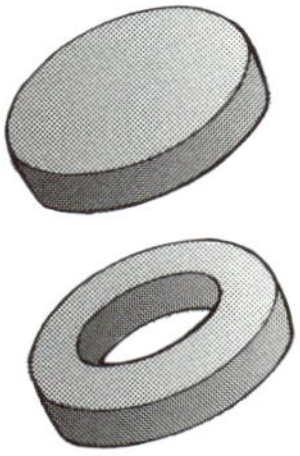

↑円《えん》ばん型《がた》(上《うえ》)とリング型《がた》(下《した》)のフェライト磁石《じしゃく》。ほかにもいろいろな形《かたち》がある。キミもきっと手《て》にしたことがあるはず！

実験《じっけん》ですか〜、楽《たの》しそうですね！
よ――し！じゃあ、みんなで実験《じっけん》だ〜〜〜!!
何《なに》をひとりではりきってるんだか……。
……先《さき》が思《おも》いやられるぜ……。
かくっ
でも、実験《じっけん》って何《なに》すんの？

F1-14

キミも実験《じっけん》!

磁石《じしゃく》に引《ひ》きよせられるものを探《さが》せ!

身《み》の回《まわ》りにあるものが、磁石《じしゃく》に引《ひ》きよせられるか実験《じっけん》してみよう!

用意《ようい》するもの

フェライト磁石《じしゃく》

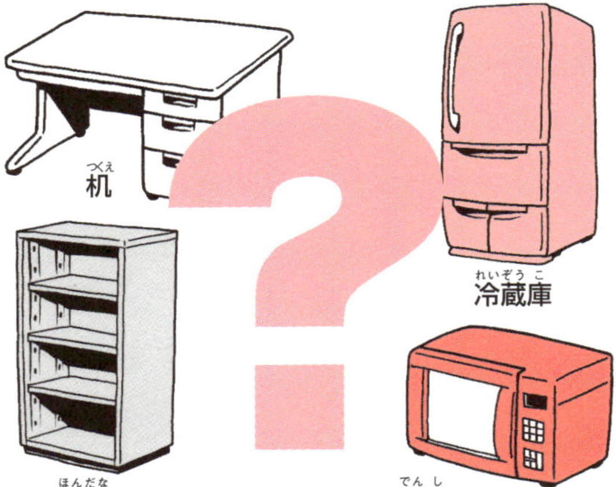

フェライト磁石《じしゃく》を用意《ようい》したら、キミの部屋《へや》にあるもの、台所《だいどころ》にあるものなどなど、どんなものが磁石《じしゃく》に引《ひ》きよせられるか試《ため》してみよう。そして、左《ひだり》のページの表《ひょう》に、実験《じっけん》したものの名前《なまえ》、実験結果《じっけんけっか》などを書《か》くんだ。実験結果《じっけんけっか》は、引《ひ》きよせられたら○、引《ひ》きよせられなかったら×を書《か》こう。メモには、どこに引《ひ》きよせられたかなどを詳《くわ》しく書《か》こう。家《いえ》にあるもので表《ひょう》をいっぱいにできるかな?

28ページの「磁石《じしゃく》を近《ちか》づけちゃいけないもの」もチェック!

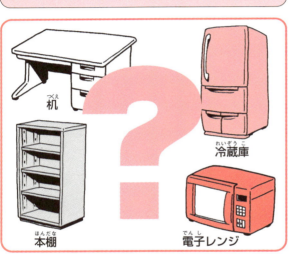

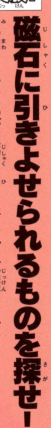

実験《じっけん》したもの	結果《けっか》	メモ	実験《じっけん》したもの	結果《けっか》	メモ
			冷蔵庫《れいぞうこ》	○	トビラが引《ひ》きよせられた
			机《つくえ》		
			本棚《ほんだな》		
			消《け》しゴム		
			ノート		
			色《いろ》えんぴつ		
			電子《でんし》レンジ		

FILE《ファイル》 2 いろいろなところに磁《じ》石《しゃく》！

磁《じ》石《しゃく》の性質《せいしつ》はわかったけど、いったいどんなところに役立《やくだ》っているのかな？　そして磁《じ》石《しゃく》を近《ちか》づけちゃいけないものがあるって本当《ほんとう》……!?

ぴたっ
おー！
机《つくえ》の足《あし》にもくっついたぞ！
そうじ用具《ようぐ》のロッカーにもくっつきましたよ！
ベランダの柵《さく》にもくっつくわ！

F2-1

わいわい
博士《はかせ》にフェライト磁石《じしゃく》をもらってから、あいつらはりきってるな〜!
いいことだと思《おも》うけど……。
磁石《じしゃく》に興味《きょうみ》を持《も》つのはいいことよ……。
科学《かがく》って、すばらしいいんだから。
にこっ
ほー、さすが科学者《かがくしゃ》!
……。
!
今度《こんど》は教室《きょうしつ》のテレビにつくかどうか試《ため》してみようぜ!

F2-2

バッ
ちょっと待《ま》った——!!
なんだよ〜、コナン。
じゃますんなよな〜。
そうですよー。
わたしたちは実験《じっけん》がしたいだけなのよー。
むやみに実験《じっけん》すればいいってもんじゃないよ。
テレビには磁石《じしゃく》を近《ちか》づけちゃいけないんだ!
テレビに近《ちか》づけちゃダメなのか?
?
?

でも、なんで近《ちか》づけちゃいけないのかしら？
え？
う〜ん。
……
え〜と……。
どぎ
まぎ
なんだよ〜、知《し》らないのかよ。
知《し》らないのにじゃましないで！
……
いや、それは……。
ともかく！くわしいことは博士《はかせ》に聞《き》いたほうがいいよ！
放課後《ほうかご》、博士《はかせ》の家《いえ》に寄《よ》っていこうよ！
じろーっ
うむ。
そりゃ、コナンくんの言《い》う通《とお》りじゃよ。

F2-4

磁石《じしゃく》を近《ちか》づけちゃいけないもの

磁石《じしゃく》に関係《かんけい》する言葉《ことば》を知《し》っておこう！
磁気《じき》＝磁石《じしゃく》が持《も》っている働《はたら》き。
磁力《じりょく》＝磁気《じき》によって発生《はっせい》する力《ちから》。

テレビ

ブラウン管《かん》のテレビは、磁力《じりょく》によって色《いろ》ムラができてしまうことがあるんだ。

パソコン

テレビと同《おな》じように、ブラウン管《かん》（ＣＲＴ）のモニターには、色《いろ》ムラができてしまうことがある。さらに本体《ほんたい》も精密機器《せいみつきき》だから、いろいろな故障《こしょう》が起《お》きる可能性《かのうせい》があるぞ。

腕時計《うでどけい》

アナログ腕時計《うでどけい》の中《なか》には磁力《じりょく》が針《はり》やゼンマイに影響《えいきょう》を与《あた》えて、時間《じかん》が狂《くる》うものもあるぞ。

ビデオテープ カセットテープ

磁気《じき》で映像《えいぞう》やデータを記録《きろく》してるから、磁石《じしゃく》を近《ちか》づけると記録《きろく》が壊《こわ》れることがあるんだ。

フロッピーディスク

フロッピーディスクも磁気《じき》でデータを記録《きろく》しているから、磁石《じしゃく》を近《ちか》づけないようにしよう。

179 012041
江戸川コナン 様
BEIKA

銀行《ぎんこう》のカードと通帳《つうちょう》

これも磁気《じき》によって記録《きろく》されているんだ。磁石《じしゃく》を近《ちか》づけちゃ絶《ぜっ》対《たい》にダメだよ。

磁気《じき》カード

電車《でんしゃ》の定期券《ていきけん》やお店《みせ》のサービスカード、さらにキップなども、磁気《じき》によって記録《きろく》されているんだ。記録《きろく》が壊《こわ》れて使《つか》えなくなるかもしれないぞ。

テレビのほかにも、磁石《じしゃく》を近《ちか》づけてはいけないものがいろいろあるんじゃ！

※このほかにも、携帯電話《けいたいでんわ》やデジタルカメラなど、精密機器《せいみつきき》は磁石《じしゃく》によって故障《こしょう》する可能性《かのうせい》があるよ。磁石《じしゃく》を近《ちか》づけないようにしてね！

SCIENCE CONAN●磁石の不思議

F2-6

ふむふむ。
たくさん調《しら》べたんじゃなー。
昨日《きのう》の夜《よる》からずっとくっつけてたもんなー。
感心《かんしん》、感心《かんしん》。
これで昨日《きのう》、わしが言《い》ったことも理解《りかい》できたかな?
昨日《きのう》、言《い》ったこと!?
ジシャクオニが本当《ほんとう》にいたら大変《たいへん》だってことだろ!
その通《とお》りじゃ!
もし本当《ほんとう》にジシャクオニがいたら……。

F2-7

ジシャクオニの1日《にち》

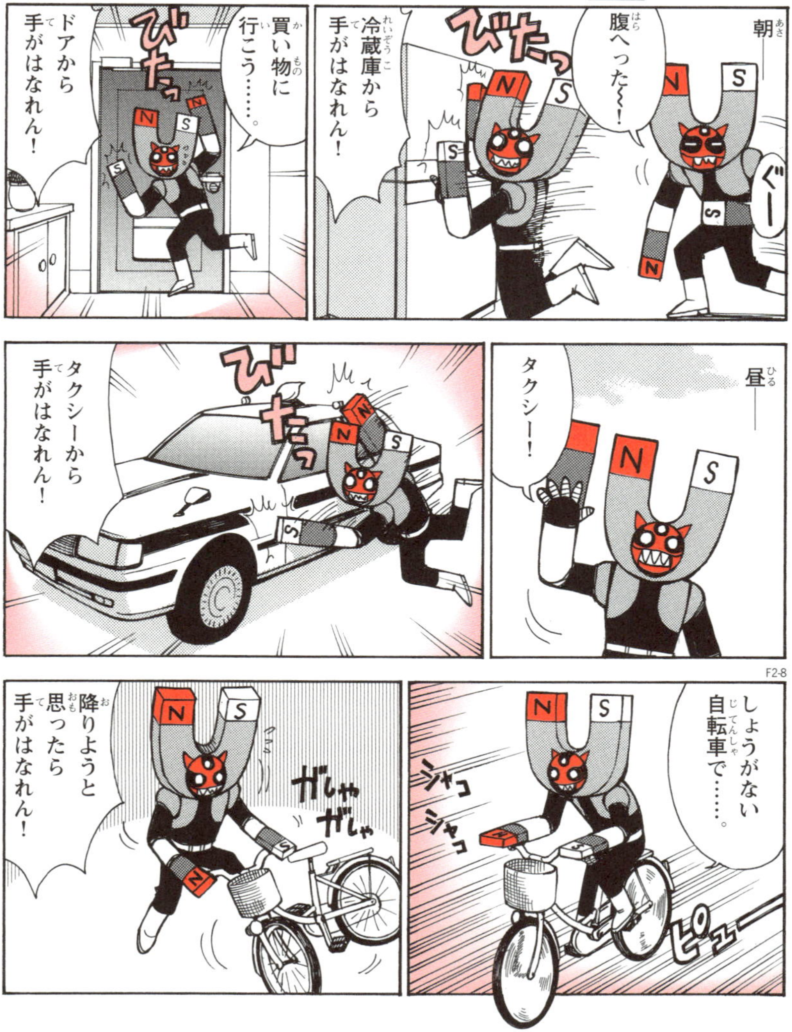

F2-8

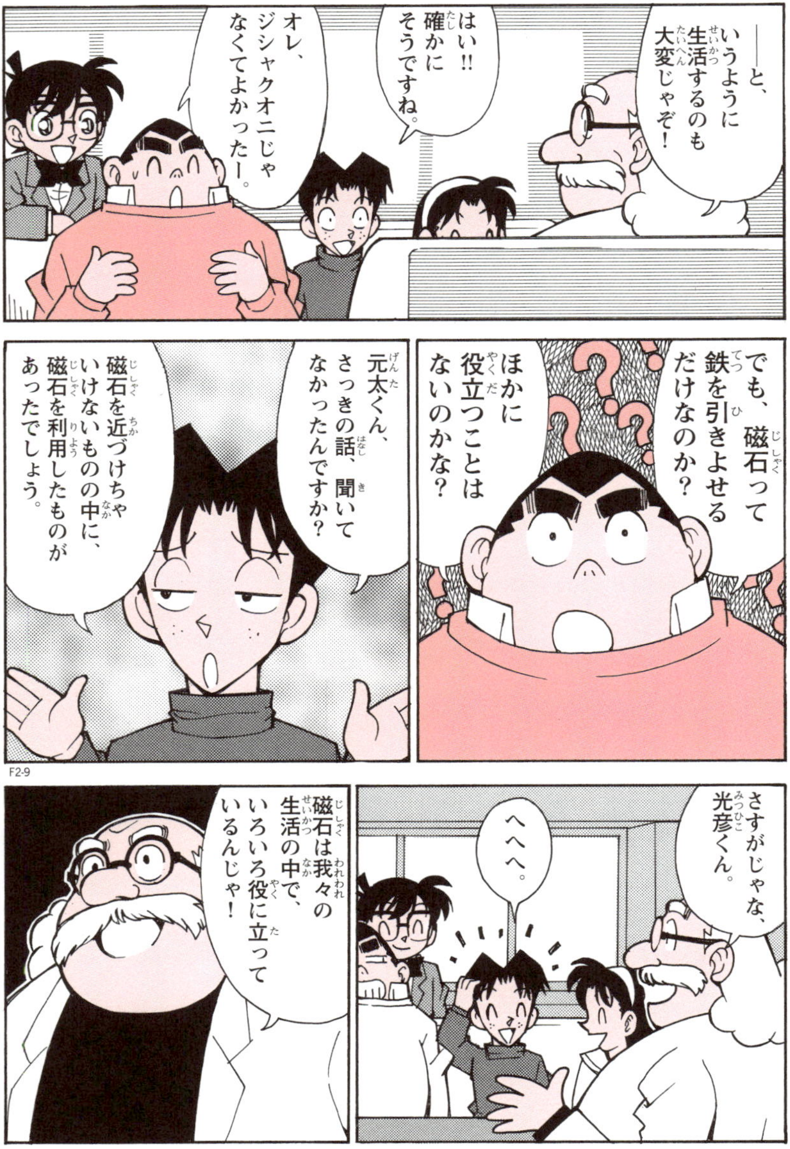

——と、いうように生活《せいかつ》するのも大変《たいへん》じゃぞ！
はい!!確《たし》かにそうですね。
オレ、ジシャクオニじゃなくてよかったー。
でも、磁石《じしゃく》って鉄《てつ》を引《ひ》きよせるだけなのか？
ほかに役立《やくだ》つことはないのかな？
元太《げんた》くん、さっきの話《はなし》、聞《き》いてなかったんですか？
磁石《じしゃく》を近《ちか》づけちゃいけないものの中《なか》に、磁石《じしゃく》を利用《りよう》したものがあったでしょう。
F2-9
さすがじゃな、光彦《みつひこ》くん。
へへへ。
磁石《じしゃく》は我々《われわれ》の生活《せいかつ》の中《なか》で、いろいろ役《やく》に立《た》っているんじゃ！

こんなにあるぞ!! 磁石《じしゃく》を使《つか》った日用品《にちようひん》

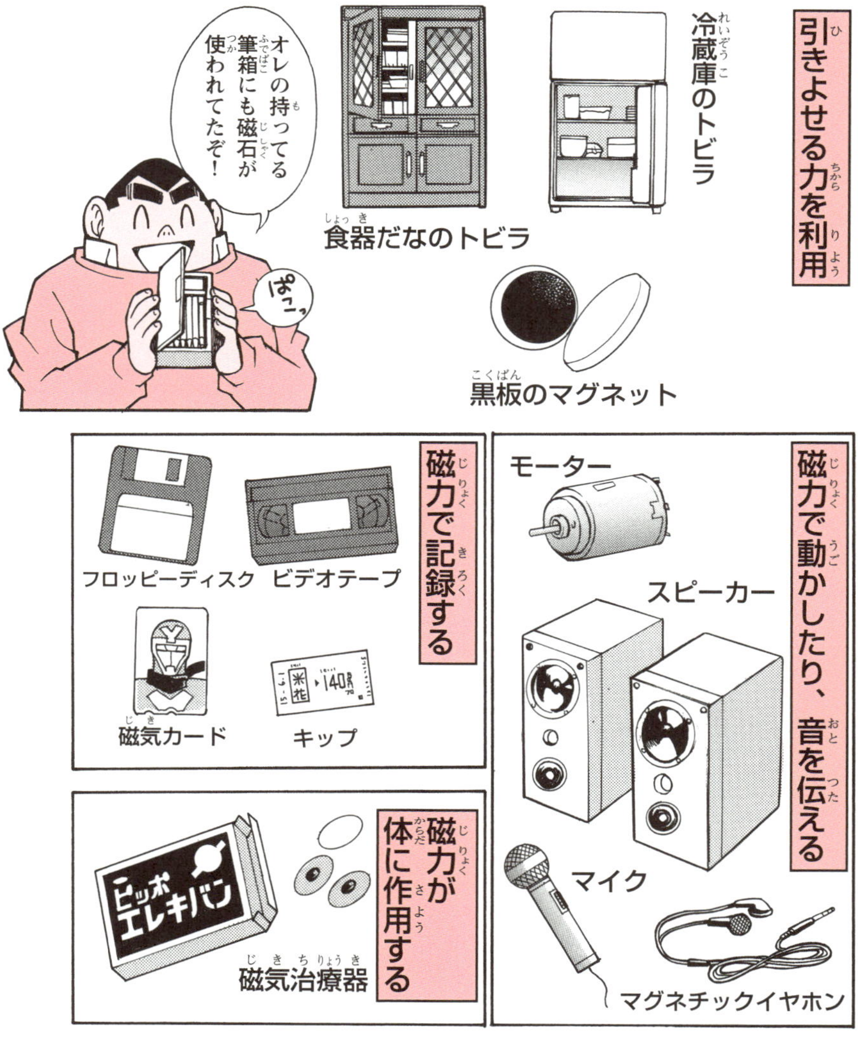
オレの持《も》ってる筆箱《ふでばこ》にも磁石《じしゃく》が使《つか》われてたぞ！
ぱこっ
引《ひ》きよせる力《ちから》を利用《りよう》
冷蔵庫《れいぞうこ》のトビラ
食器《しょっき》だなのトビラ
黒板《こくばん》のマグネット
磁力《じりょく》で記録《きろく》する
フロッピーディスク
ビデオテープ
磁気《じき》カード
キップ
磁力《じりょく》で動《うご》かしたり、音《おと》を伝《つた》える
モーター
スピーカー
マイク
マグネチックイヤホン
磁力《じりょく》が体《からだ》に作用《さよう》する
ピッポエレキバン
磁気治療器《じきちりょうき》

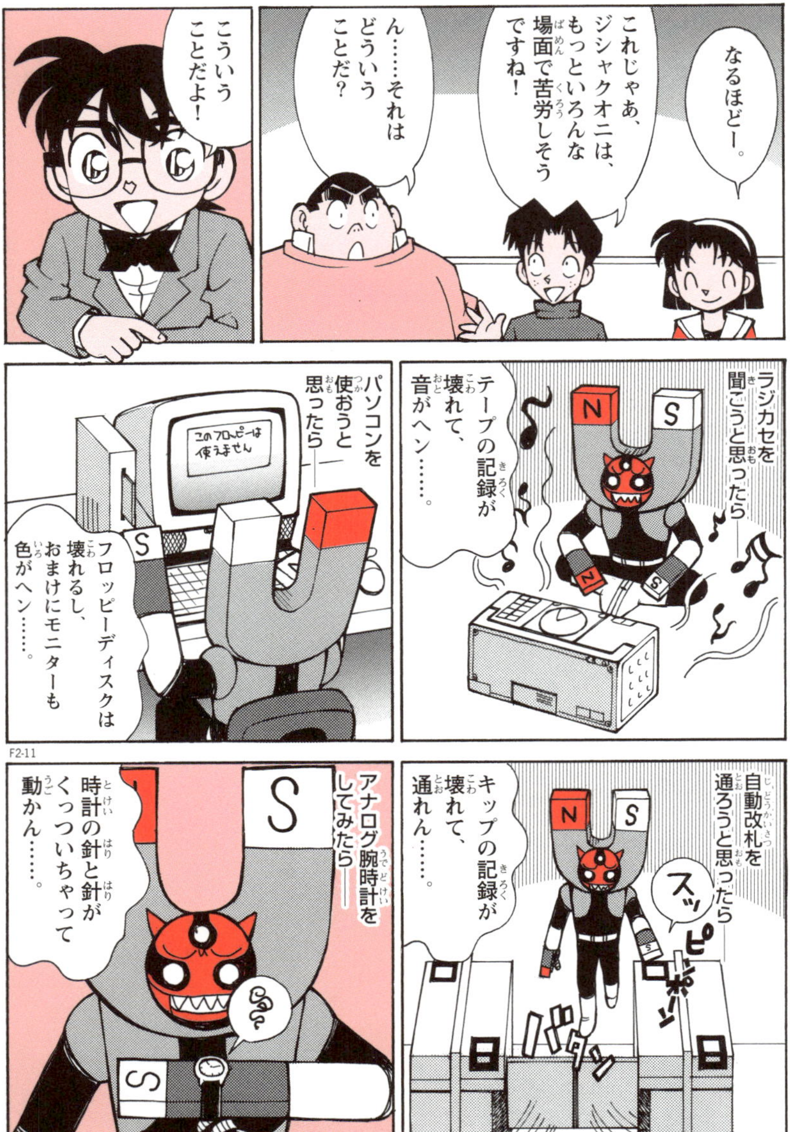
なるほどー。
これじゃあ、ジシャクオニは、もっといろんな場面《ばめん》で苦労《くろう》しそうですね！
ん……それはどういうことだ？
こういうことだよ！
ラジカセを聞《き》こうと思《おも》ったら――
テープの記録《きろく》が壊《こわ》れて、音《おと》がヘン……。
パソコンを使《つか》おうと思《おも》ったら――
このフロッピーは使えません
フロッピーディスクは壊《こわ》れるし、おまけにモニターも色《いろ》がヘン……。
自動改札《じどうかいさつ》を通《とお》ろうと思《おも》ったら
スッ
ピ
ポーン
バタン
キップの記録《きろく》が壊《こわ》れて、通《とお》れん……。
アナログ腕時計《うでどけい》をしてみたら――
時計《とけい》の針《はり》と針《はり》がくっついちゃって動《うご》かん……。

F2-11

あら、みんな。なんの話《はなし》してるの？
ジシャクオニが本当《ほんとう》にいたらって、話《はなし》をしてたんだ！
そう——。
ジシャクオニが本当《ほんとう》にいたら、役《やく》に立《た》ちそうね。
？
なんの役《やく》に立《た》つんだ？
磁力《じりょく》で肩《かた》こりを治《なお》してくれるじゃない……。
あ〜きもちいい
N
S
肩《かた》こり？
哀《あい》ちゃんオバさんみた〜い！
おばさんだってさ
うるさいわね

F2-12

キミも実験《じっけん》！

磁気《じき》カードの秘密《ひみつ》を暴《あば》け！

いろいろな磁気《じき》カードを使《つか》ってできる、ちょっと不思議《ふしぎ》な実験《じっけん》だよ。

用意《ようい》するもの

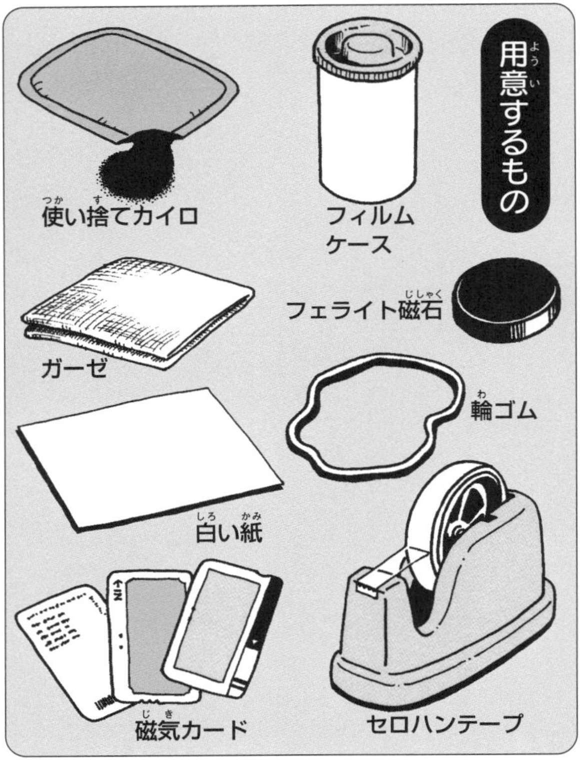

① 砂鉄《さてつ》を取《と》り出《だ》す

使《つか》い捨《す》てカイロの中身《なかみ》を、白《しろ》い紙《かみ》の上《うえ》にのせよう。次《つぎ》に、その紙《かみ》の下《した》からフェライト磁石《じしゃく》を使《つか》ってカイロの中身《なかみ》を引《ひ》きよせるんだ。引《ひ》きよせられなかったものは、そのまま捨《す》ててしまおう。これで細《こま》かい砂鉄《さてつ》だけになったよ。

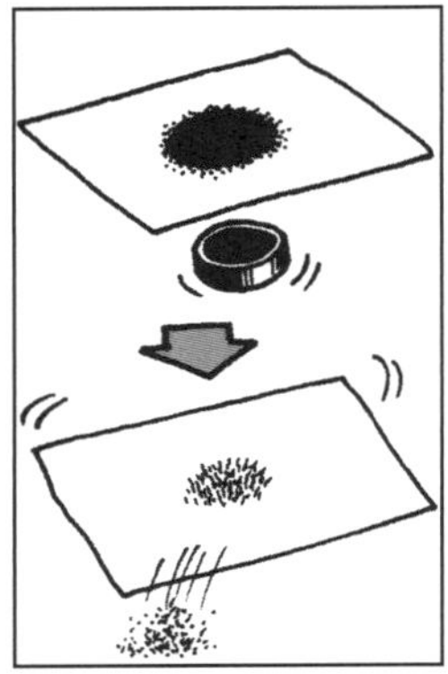

②フィルムケースに入《い》れる

①で取《と》り出《だ》した砂鉄《さてつ》をフィルムケースに入《い》れたら、フィルムケースの口《くち》にガーゼをかぶせ、輪《わ》ゴムで図《ず》のようにとめよう。砂鉄《さてつ》ケースが完成《かんせい》だ。これを使《つか》うと、上手《じょうず》に砂鉄《さてつ》を振《ふ》りかけられるんだ。

③磁気《じき》カードに砂鉄《さてつ》を振《ふ》りかける

砂鉄《さてつ》が落《お》ちてもいいように下《した》に紙《かみ》を敷《し》いてから、磁気《じき》カードの裏面《うらめん》に、さっき作《つく》った砂鉄《さてつ》ケースで砂鉄《さてつ》をまんべんなく振《ふ》りかけよう。

パッパッ

砂鉄《さてつ》はほかの実験《じっけん》でも使《つか》えるから、保存《ほぞん》しておこう！

④余分《よぶん》な砂鉄《さてつ》を落《お》とそう

紙《かみ》の上《うえ》で磁気《じき》カードを縦《たて》にして、静《しず》かにトントンと余分《よぶん》な砂鉄《さてつ》を落《お》とそう。そうすると、磁気《じき》のバーコード部分《ぶぶん》にだけ砂鉄《さてつ》が残《のこ》るんだ。うまくいかなかったら、何度《なんど》もやり直《なお》してみよう。

ゆっくりとていねいにやることが大事《だいじ》だよ！

⑤セロハンテープで保存《ほぞん》しておこう

磁気《じき》カードのバーコードがきれいに現《あらわ》れたら、その上《うえ》にセロハンテープをはろう。そして、ゆっくりとはがし、そのテープを今度《こんど》は白《しろ》い紙《かみ》の上《うえ》にはると、バーコードを保存《ほぞん》しておけるよ！

ぺた

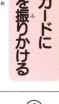

FILE《ファイル》 3

磁石《じしゃく》は引《ひ》きよせるだけじゃない！

阿笠博士《あがさはかせ》と少年探偵団《しょうねんたんていだん》のみんなで実験大会《じっけんたいかい》をするみたい！ 今度《こんど》は、磁石《じしゃく》のどんな性質《せいしつ》がわかっちゃうのかな？

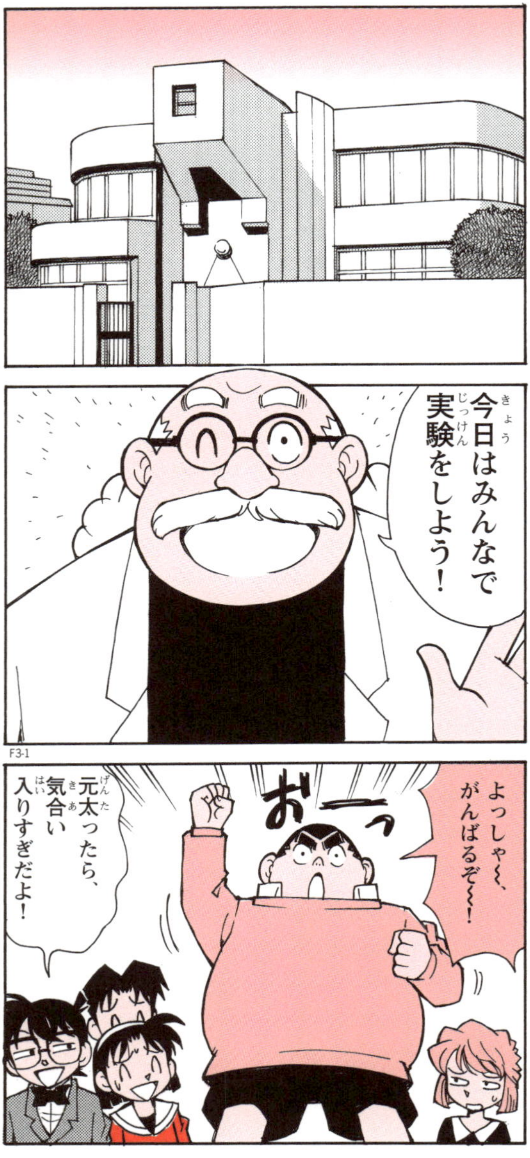

F3-1

F3-2

SCIENCE CONAN●磁石の不思議

コナンと実験！

火星人《かせいじん》のダンス

磁石《じしゃく》の力《ちから》で、火星人《かせいじん》が踊《おど》っちゃう⁉　まち針《はり》を使《つか》った、とってもおもしろい実験《じっけん》だよ。

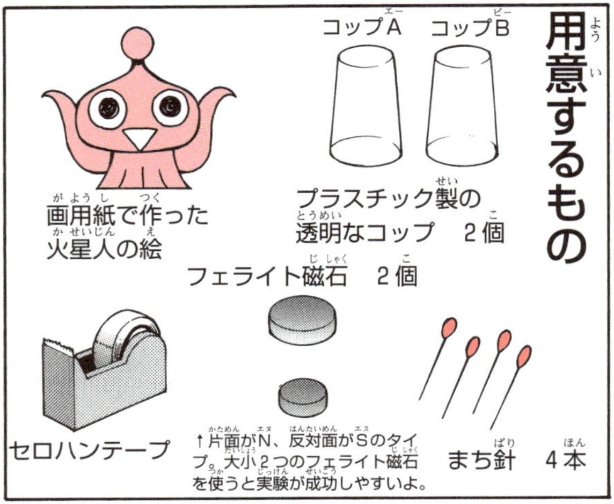

F3-3

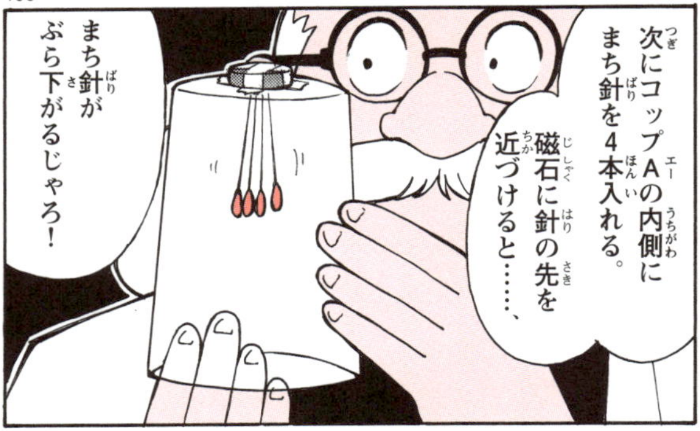

うまくぶら下《さ》がったら、火星人《かせいじん》の絵《え》をコップA《エー》にセロハンテープではろう。
この火星人《かせいじん》、歩美《あゆみ》がかいたんだよ。
うまいですね！
さて――、
ここでクイズじゃ！

F3-4

Q 大《おお》きい磁石《じしゃく》を置《お》いたコップB《ビー》に、コップA《エー》を上《うえ》から重《かさ》ねるように上下《じょうげ》させたら、まち針《ばり》はどんな動《うご》きをするかな？
さらに、大《おお》きい磁石《じしゃく》をひっくり返《かえ》して同《おな》じことをしたら、今度《こんど》はどうなるかな？

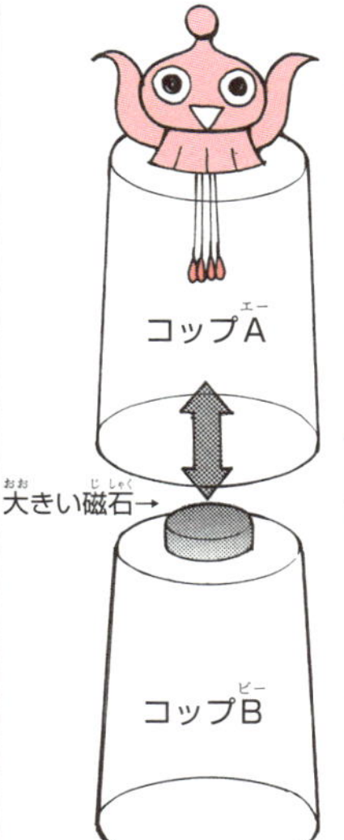
コップA《エー》
大《おお》きい磁石《じしゃく》→
コップB《ビー》

う〜〜〜〜〜〜〜〜〜ん？
みんなもいっしょに考《かんが》えてみるのじゃ！

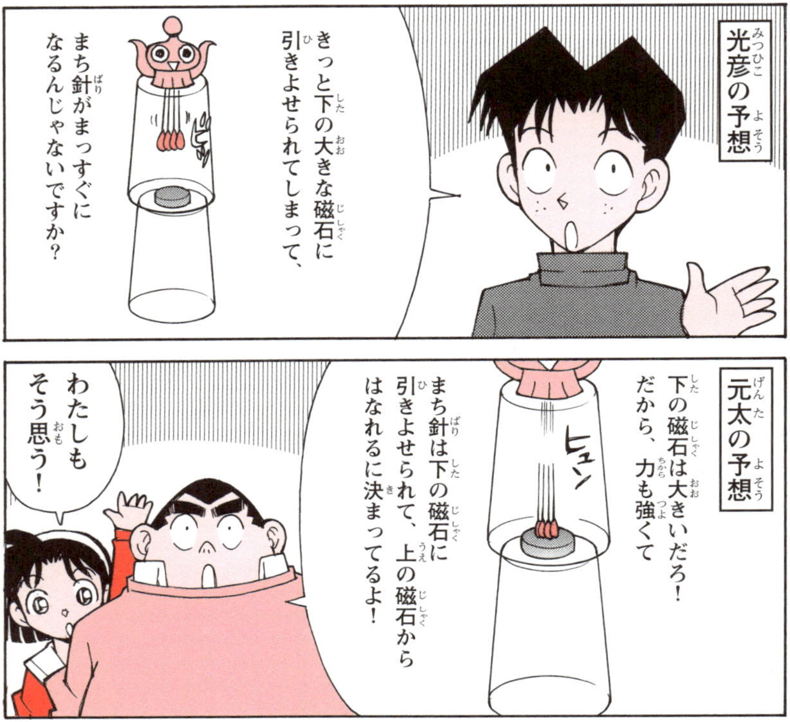
光彦《みつひこ》の予想《よそう》
きっと下《した》の大《おお》きな磁石《じしゃく》に引《ひ》きよせられてしまって、
まち針《ばり》がまっすぐになるんじゃないですか？
元太《げんた》の予想《よそう》
下《した》の磁石《じしゃく》は大《おお》きいだろ！だから、力《ちから》も強《つよ》くて
ヒュン
まち針《ばり》は下《した》の磁石《じしゃく》に引《ひ》きよせられて、上《うえ》の磁石《じしゃく》からはなれるに決《き》まってるよ！
わたしもそう思《おも》う！

F3-5

うむ。
光彦《みつひこ》くんは、半分正解《はんぶんせいかい》じゃ！
えっ？半分《はんぶん》!?
オレたちのはハズレか～。
残念《ざんねん》だけど、違《ちが》うんだな！

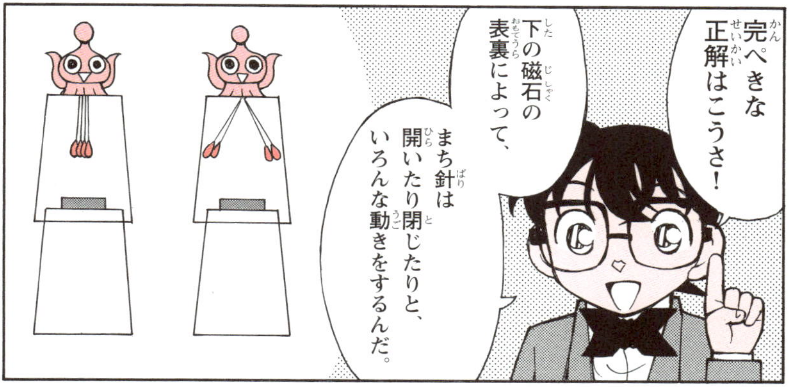

F3-6

磁石《じしゃく》にはすべてN極《エヌきょく》とS極《エスきょく》がある

磁石《じしゃく》の中《なか》で鉄《てつ》などが一番強《いちばんつよ》く引《ひ》きよせられる場所《ばしょ》を、磁極《じきょく》というんだ。その磁極《じきょく》には、N極《エヌきょく》とS極《エスきょく》があって、N《エヌ》極《きょく》とS極《エスきょく》は引《ひ》きよせ合《あ》い、N極《エヌきょく》とN極《エヌきょく》、S極《エスきょく》とS極《エスきょく》のように同《おな》じ極同士《きょくどうし》は反発《はんぱつ》し合《あ》うんだ。

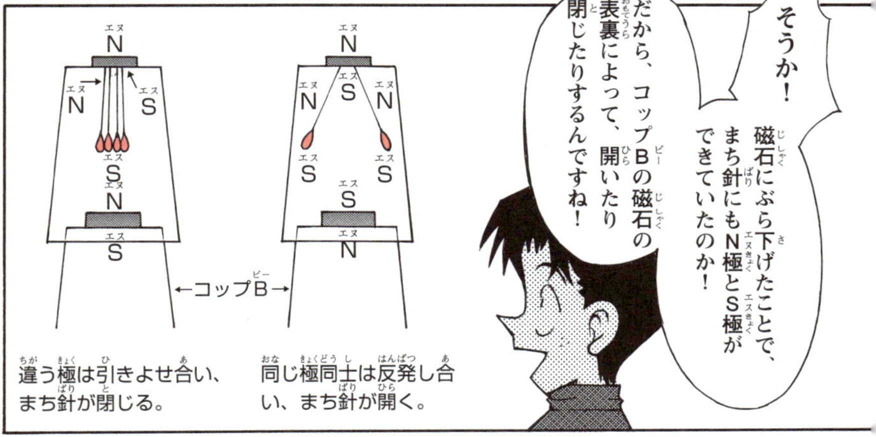
そうか！
磁石《じしゃく》にぶら下《さ》げたことで、まち針《ばり》にもN《エヌ》極《きょく》とS《エス》極《きょく》ができていたのか！
だから、コップB《ビー》の磁石《じしゃく》の表裏《おもてうら》によって、開《ひら》いたり閉《と》じたりするんですね！
N《エヌ》
N《エヌ》 S《エス》
S《エス》
N《エヌ》
S《エス》
N《エヌ》
S《エス》
N《エヌ》 N《エヌ》
S《エス》 S《エス》
S《エス》
N《エヌ》
←コップB《ビー》→
違《ちが》う極《きょく》は引《ひ》きよせ合《あ》い、まち針《ばり》が閉《と》じる。
同《おな》じ極同士《きょくどうし》は反発《はんぱつ》し合《あ》い、まち針《ばり》が開《ひら》く。

鉄《てつ》の小《ちい》さな粒《つぶ》は磁石《じしゃく》なんだと前《まえ》に説明《せつめい》したな。
よく覚《おぼ》えておったな。
へへへ、まち針《ばり》も鉄《てつ》ですからね！

実験《じっけん》がうまくいかないときは、コップA《エー》につける磁石《じしゃく》の下側《したがわ》に針《はり》の先《さき》を、上側《うえがわ》に針《はり》の頭《あたま》を、こすりつけてからやってみよう！

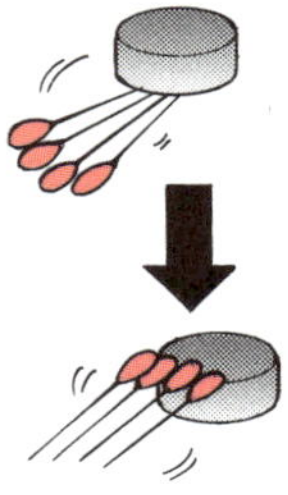

F3-7

よし、じゃあ次《つぎ》の実験《じっけん》じゃ！
おー！

コナンと実験！

ミラクルなベアリング

ベアリングと磁石《じしゃく》だけを使《つか》う簡単《かんたん》な実験《じっけん》だけど、きっとみんな驚《おどろ》いちゃうぞ！

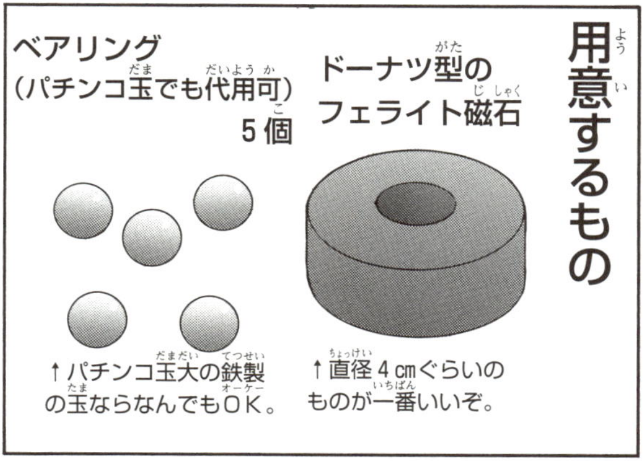
用意《ようい》するもの
ドーナツ型《がた》のフェライト磁石《じしゃく》
ベアリング（パチンコ玉《だま》でも代用可《だいようか》）5個《こ》
↑直径《ちょっけい》4㎝ぐらいのものが一番《いちばん》いいぞ。
↑パチンコ玉大《だまだい》の鉄製《てつせい》の玉《たま》ならなんでもＯＫ《オーケー》。

まずは磁石《じしゃく》の上《うえ》に、ベアリングを1個《こ》置《お》く。
1個目《こめ》

そして次《つぎ》に、1個目《こめ》の反対側《はんたいがわ》に2個目《こめ》を置《お》くのじゃ。
1個目《こめ》
2個目《こめ》

次《つぎ》からが問題《もんだい》じゃ！図《ず》の☆の場所《ばしょ》に3個目《こめ》を置《お》いたら……、
いったいどうなる？
3個目《こめ》
さらに、4個目《こめ》、5個目《こめ》を置《お》くと、どうなるかな？
う――ん、やっぱり今回《こんかい》も、N極《エヌきょく》とS極《エスきょく》が関係《かんけい》あるのかな？
目《め》のつけどころはいいぞ！

F3-9

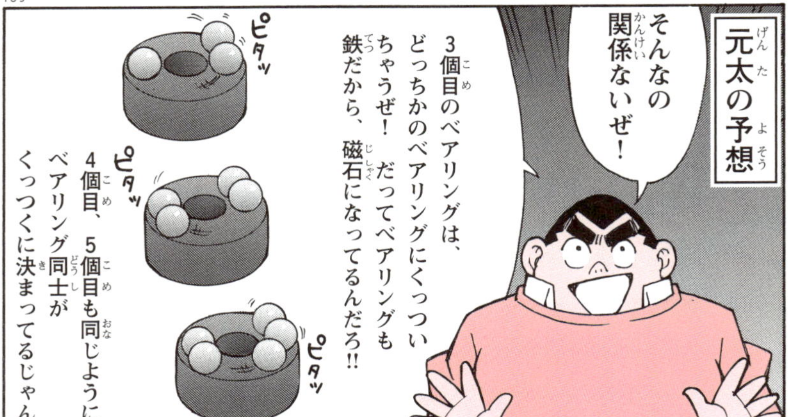
元太《げんた》の予想《よそう》
そんなの関係《かんけい》ないぜ！
3個目《こめ》のベアリングは、どっちかのベアリングにくっついちゃうぜ！だってベアリングも鉄《てつ》だから、磁石《じしゃく》になってるんだろ!!
ピタッ
ピタッ
ピタッ
4個目《こめ》、5個目《こめ》も同《おな》じように、ベアリング同士《どうし》がくっつくに決《き》まってるじゃん！

……それは、違《ちが》うと思《おも》うんだけど……。
う～～ん
やべっ！今回《こんかい》はオレにもわからないぜ……。
さっきの実験《じっけん》と同《おな》じじゃない。
まず、3個目《こめ》を置《お》くとほかの二《ふた》つも動《うご》いてだいたい同《おな》じ間隔《かんかく》に……。
そうね……。三角形《さんかっけい》のようになるわ。
ジャーン
4個目《こめ》、5個目《こめ》も同《おな》じ。
四角形《しかっけい》と五角形《ごかっけい》になるわ。
バーンッ
ババーンッ
おー
すごい

F3-10

完《かん》ぺきに正解《せいかい》じゃ！
さすが灰原《はいばら》だなー。
ベアリングにも上下《じょうげ》にN《エヌ》極《きょく》とS《エス》極《きょく》ができて――
ベアリングの上《うえ》の部分《ぶぶん》が反発《はんぱつ》し合《あ》ってそうなるんじゃ！
ベアリングをそっと動《うご》かすのがコツじゃぞ。
反発《はんぱつ》
N《エヌ》
N《エヌ》
S《エス》
N《エヌ》
S《エス》
S《エス》
さらに、ベアリング1個《こ》を指《ゆび》でそ〜っと動《うご》かすと……、
ほかのベアリングもいっしょに動《うご》くんじゃ！
これもそっと動《うご》かすのがコツじゃぞ。
これも知《し》ってた？
当然《とうぜん》。

F3-11

なるほど、驚《おどろ》きですね！
オレの予想《よそう》、全部《ぜんぶ》はずれた……。
はずれてもいいじゃない。自分《じぶん》で考《かんが》えることが大事《だいじ》なんだから。
そうそう！
予想《よそう》してから実験《じっけん》してみると、結果《けっか》もわかりやすいしね。

その通《とお》りじゃ！
ただ実験《じっけん》するだけじゃなくて、自分《じぶん》で考《かんが》えることが重要《じゅうよう》なのじゃぞ！
うちにはパチンコ玉《だま》はいっぱいあるから、みんなで実験《じっけん》してみなさい！
……。
すごい量《りょう》のパチンコ玉《だま》……。
なんでそんなにパチンコ玉《だま》があるんだ？
いや、それは……。
ギクッ
博士《はかせ》ったら、いつもパチンコで勝《か》てないからって、家《いえ》でパチンコ台《だい》まで作《つく》って「パチンコの実験《じっけん》」をしてるのよ。
う〜〜ん ぜんぜん 出ない…
やれやれ。実験《じっけん》しても勝《か》てるわけないのに。
実験《じっけん》じゃなくて、遊《あそ》んでるだけじゃ〜ん。
ははは、ばれておったかー。

F3-12

キミも実験《じっけん》!

ピョコピョコナンを作《つく》ろう

フィルムケースと磁石《じしゃく》を使《つか》って、とっても楽《たの》しい実験《じっけん》ができるんだ!

用意《ようい》するもの

① のばしたゼムクリップに磁石《じしゃく》をつける

ゼムクリップを一直線《いっちょくせん》にのばして、端《はし》から1㎝ぐらいのところにガムテープでフェライト磁石《じしゃく》をつけよう。

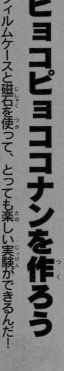

② フィルムケースに穴《あな》をあける

ゼムクリップにつけた磁石《じしゃく》の直径《ちょっけい》を計《はか》ろう。フィルムケースの底《そこ》から、磁石《じしゃく》の直径《ちょっけい》の長《なが》さと同《おな》じくらいの場所《ばしょ》にピンで穴《あな》をあけるんだ。そのちょうど反対側《はんたいがわ》にも同《おな》じく穴《あな》をあけよう。

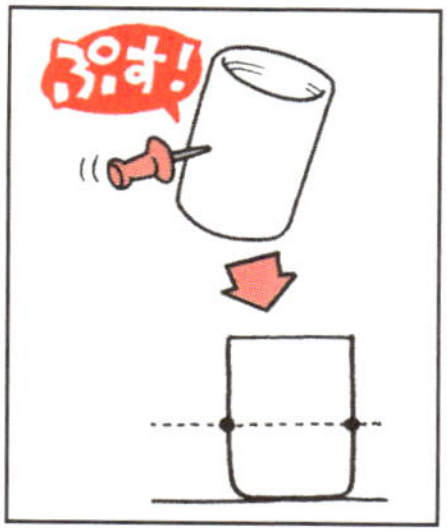
ぷす!

二《ふた》つの穴《あな》が同《おな》じ高《たか》さで対称《たいしょう》になるように穴《あな》をあけてね!

③ 磁石《じしゃく》をフィルムケースにセットする

左《ひだり》の上《うえ》の図《ず》のように、フィルムケースの穴《あな》に①で作《つく》ったゼムクリップと磁石《じしゃく》を通《とお》すんだ。通《とお》したら、ゼムクリップを左《ひだり》の下《した》の図《ず》のように曲《ま》げてハンドルを作《つく》ろう。

ゼムクリップを曲《ま》げるときにはペンチを使《つか》ってもいいね!

④ 画用紙《がようし》を筒《つつ》にしてコナンの絵《え》を描《か》く

画用紙《がようし》でフィルムケースと同《おな》じくらいの高《たか》さの筒《つつ》を作《つく》ろう。コナンの絵《え》を描《か》くのも忘《わす》れずに! そしてその底《そこ》に、セロハンテープでもう1個《こ》のフェライト磁石《じしゃく》をつけるんだ。

筒《つつ》を作《つく》るときは、フィルムケースの中《なか》に入《はい》る大《おお》きさにするんだ。

⑤ ピョコピョコナン、ついに完成《かんせい》!

フィルムケースの上《うえ》から、筒《つつ》を入《い》れよう。ハンドルを回《まわ》すと、磁石《じしゃく》の引《ひ》きよせる力《ちから》と反発《はんぱつ》する力《ちから》で筒《つつ》が上下《じょうげ》して、コナンの顔《かお》がピョコピョコ飛《と》び跳《は》ねるよ!

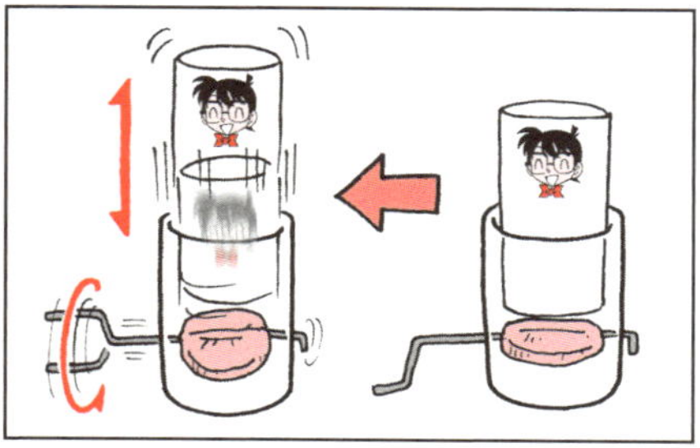

コナンに挑戦《ちょうせん》！

磁石《じしゃく》ばねの重《おも》さは？

磁石同士《じしゃくどうし》が反発《はんぱつ》する力《ちから》で浮《う》いた磁石《じしゃく》ばね。浮《う》いているけど、果《は》たしてその重《おも》さはどうなっている？

用意《ようい》するもの

1 カッターで紙《かみ》コップに穴《あな》をあける

カッターで、紙《かみ》コップの底面《そこめん》に十字《じゅうじ》の切《き》れ目《め》を入《い》れよう。くれぐれもケガをしないように気《き》をつけてね。

2 紙《かみ》コップの下《した》までえんぴつをさしこむ

さっきカッターで入《い》れた紙《かみ》コップの切《き》れ目《め》に、えんぴつをさしこもう。下《した》までさして動《うご》かないようにしよう。

3 ドーナツ型《がた》磁石《じしゃく》を1個《こ》えんぴつに通《とお》す

まず、紙《かみ》コップを逆《さか》さにして立《た》てよう。そして次《つぎ》に、底面《そこめん》にさしこんだえんぴつに、ドーナツ型《がた》磁石《じしゃく》を通《とお》すんだ。ドーナツ型《がた》磁石《じしゃく》は、穴《あな》の部《ぶ》分《ぶん》がえんぴつの太《ふと》さよりも大《おお》きいものを用意《ようい》しよう。

4 もう1個《こ》の磁石《じしゃく》をえんぴつに通《とお》す

次《つぎ》はもう1個《こ》のドーナツ型《がた》磁石《じしゃく》も、えんぴつに通《とお》そう。磁石《じしゃく》の向《む》きによって、反発《はんぱつ》するか引《ひ》きよせるかが決《き》まるよ。反発《はんぱつ》すると浮《う》いて、引《ひ》きよせるとくっつくぞ。反発《はんぱつ》で浮《う》いた状態《じょうたい》が磁石《じしゃく》ばね。まるでばねのように、上《うえ》の磁石《じしゃく》を押《お》しても戻《もど》るんだ。

ここで問題《もんだい》

磁石《じしゃく》が浮《う》いた状態《じょうたい》と、くっついた状態《じょうたい》。それぞれはかりにのせると、重《おも》さはどうなるかな？ くっついた状態《じょうたい》ならもちろん、紙《かみ》コップとえんぴつ、磁石《じしゃく》2個《こ》を足《た》した重《おも》さだよね。でも、1個《こ》が浮《う》いている磁石《じしゃく》ばねの状態《じょうたい》なら？ 答《こた》えは173ページだよ。

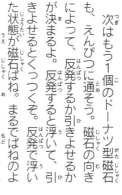

FILE《ファイル》 4

磁石《じしゃく》が作《つく》る磁力線《じりょくせん》

磁石《じしゃく》はどうして引《ひ》きよせたり反発《はんぱつ》したりするんだろう。歩美《あゆみ》ちゃんはずっと不思議《ふしぎ》に思《おも》ってたみたい……きっとみんなもそうだよね！

キーンコーン カーンコーン

ねえねえ、コナンくん。
ん？なに？

F4-1

わたし、昨日《きのう》からずっと考《かんが》えていたんだけど……。

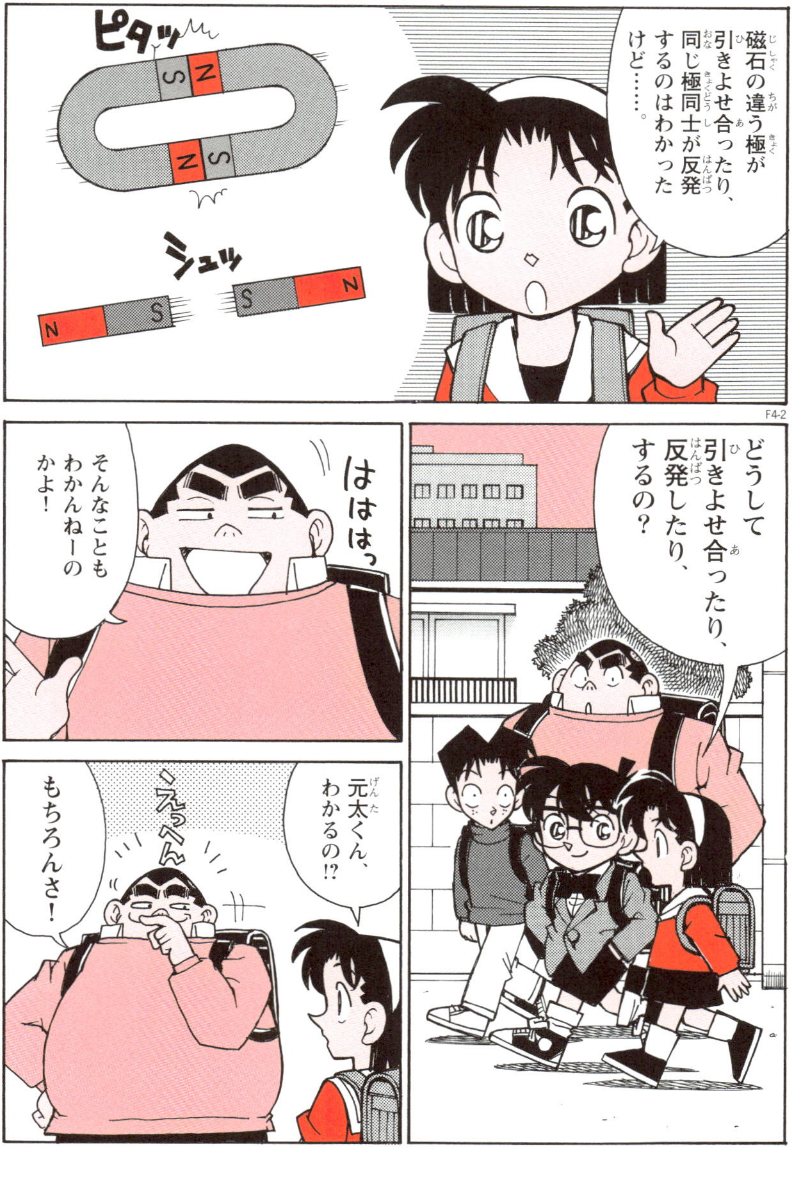
ピタッ
シュッ
磁石《じしゃく》の違《ちが》う極《きょく》が引《ひ》きよせ合《あ》ったり、同《おな》じ極同士《きょくどうし》が反発《はんぱつ》するのはわかったけど……。
どうして引《ひ》きよせ合《あ》ったり、反発《はんぱつ》したり、するの？
ははははっ
そんなこともわかんねーのかよ！
元太《げんた》くん、わかるの!?
えっへん
もちろんさ！

F4-2

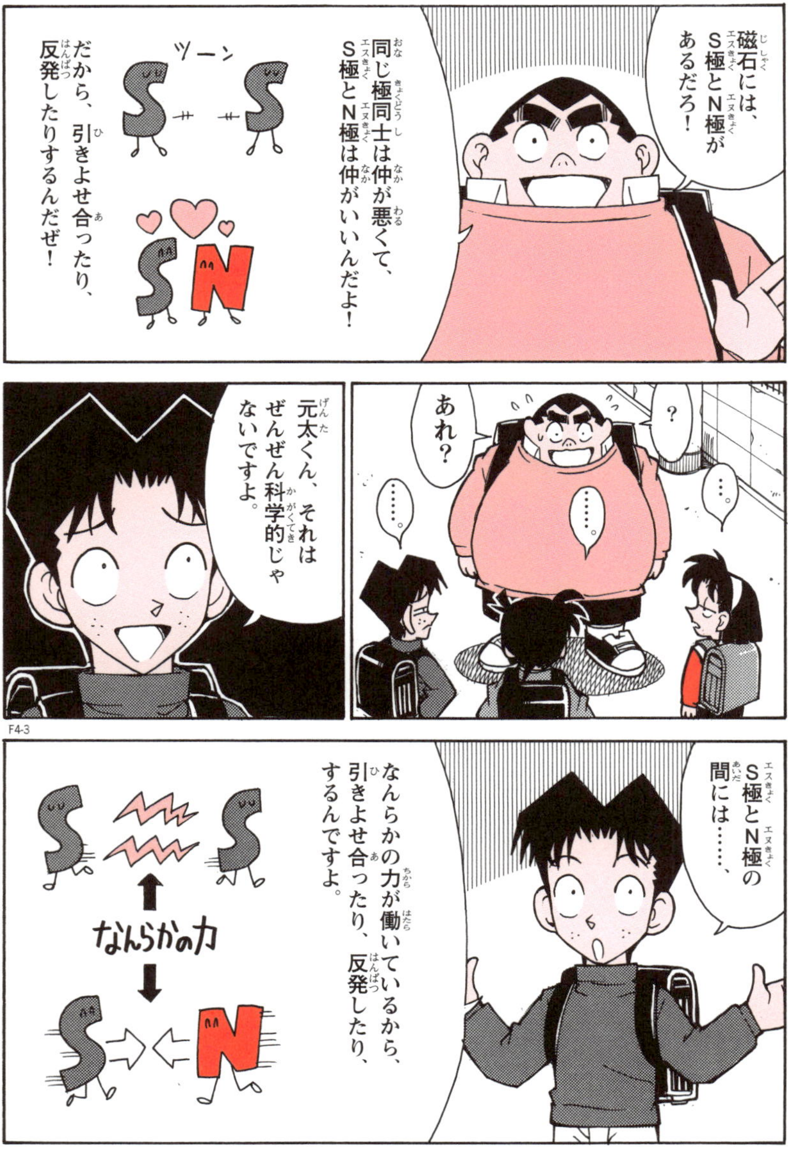
磁石《じしゃく》には、S極《エスきょく》とN極《エヌきょく》があるだろ！
同《おな》じ極同士《きょくどうし》は仲《なか》が悪《わる》くて、S極《エスきょく》とN極《エヌきょく》は仲《なか》がいいんだよ！
ツーン
だから、引《ひ》きよせ合《あ》ったり、反発《はんぱつ》したりするんだぜ！
あれ？
？
……。
……。
…。
元太《げんた》くん、それはぜんぜん科学的《かがくてき》じゃないですよ。
S極《エスきょく》とN極《エヌきょく》の間《あいだ》には……、
なんらかの力《ちから》が働《はたら》いているから、引《ひ》きよせ合《あ》ったり、反発《はんぱつ》したり、するんですよ。
なんらかの力

F4-3

なんらかの力《ちから》?
なんらかって何《なに》!?
それは……。
なんだよ、わからないのかよー。
コナンくん、わかる?
うん!
磁石同士《じしゃくどうし》が引《ひ》きよせ合《あ》ったり反発《はんぱつ》したりする理由《りゆう》。
それは……。
磁極《じきょく》や磁力《じりょく》に関係《かんけい》してるんだ!
また磁極《じきょく》!?
磁力《じりょく》!?

F4-4

磁極《じきょく》から出《で》ている磁力線《じりょくせん》

磁極《じきょく》とは？

N極《エヌきょく》とS極《エスきょく》があって、鉄《てつ》などを一番強《いちばんつよ》く引《ひ》きよせる場所《ばしょ》のことをいうんだ。

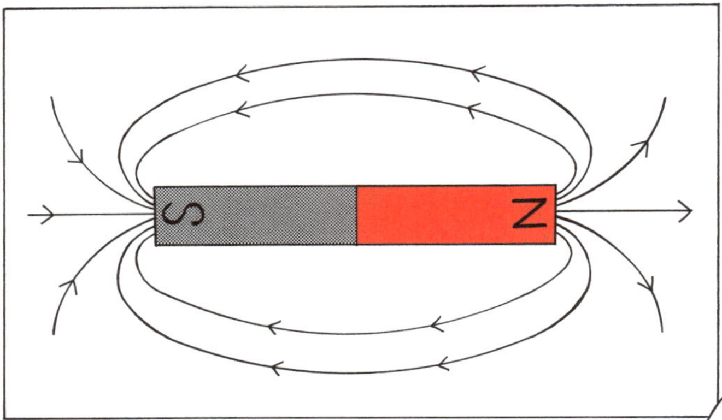

F4-5

なあ、コナン。磁石《じしゃく》のどこにもそんな線《せん》は見《み》えないぞ。
まじ まじ～
ホント……。ぜんぜん見《み》えない。
がくっ
磁力線《じりょくせん》は、目《め》に見《み》えるものじゃないんだよ。
え～～～!?
目《め》に見《み》えないんじゃ、わかんないよ!
よし!
そんなときは実験《じっけん》だ!!
博士《はかせ》の家《いえ》にレッツゴー!!
おーっ!

F4-6

コナンと実験！

世《よ》にも不《ふ》思《し》議《ぎ》な磁《じ》力《りょく》線《せん》

目《め》には見《み》えない磁力線《じりょくせん》を誰《だれ》でも見《み》ることができる、オドロキの実験《じっけん》だよ！

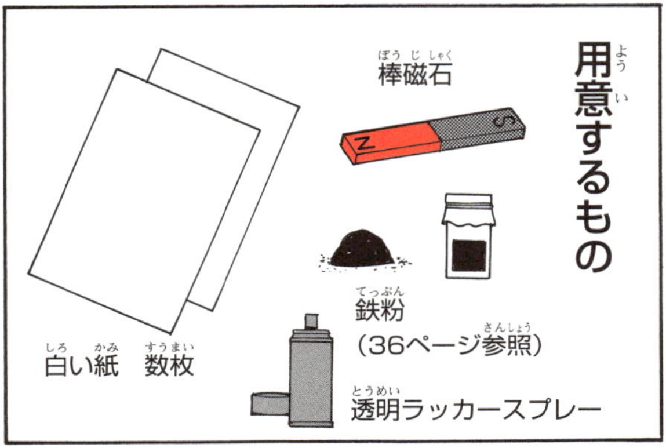
用意《ようい》するもの
棒磁石《ぼうじしゃく》
鉄粉《てっぷん》
（36ページ参照《さんしょう》）
透明《とうめい》ラッカースプレー
白《しろ》い紙《かみ》　数枚《すうまい》

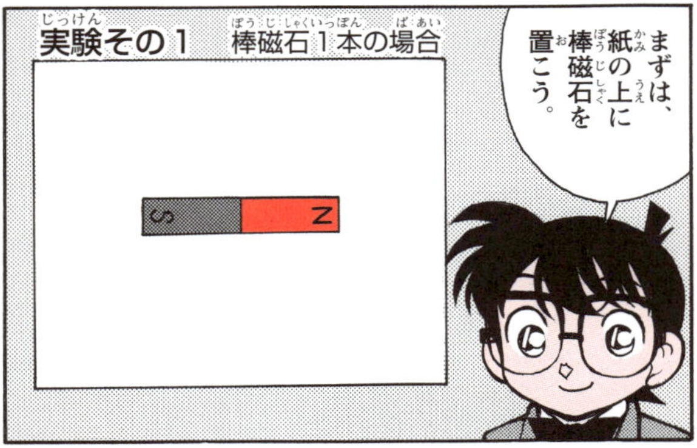
実験《じっけん》その１　棒磁石１本《ぼうじしゃくいっぽん》の場合《ばあい》
まずは、紙《かみ》の上《うえ》に棒磁石《ぼうじしゃく》を置《お》こう。

F4-7

そして、その上《うえ》に紙《かみ》をもう1枚《まい》置《お》くんだ。

紙《かみ》の上《うえ》から鉄粉《てっぷん》をゆっくりゆっくり振《ふ》りかけると……。
サラサラ

ジャーーン!
この筋にそって磁力線《じりょくせん》が走《はし》ってるんだ!!
ホントだ!
すげー!
さすがコナンくんですね!!

コナンくん、すてきっ！
おっ！
ダッ
まあまあ、歩美《あゆみ》ちゃん。まだ実験《じっけん》は終《お》わってないから……。
……。
……。
え？そうなの！

実験《じっけん》その2
棒磁石《ぼうじしゃく》を2本使《ほんつか》ったら？

棒磁石1本《ぼうじしゃくいっぽん》で実験《じっけん》をしてみたら、N極《エヌきょく》からS極《エスきょく》へと向《む》かう磁力線《じりょくせん》が鉄《てつ》粉《ぶん》で見《み》えたけど、棒磁石《ぼうじしゃく》を2本並《にほんなら》べて同《おな》じ実験《じっけん》をしてみたらどうなるかな？　左《ひだり》の図《ず》のように、N極《エヌきょく》とS極《エスきょく》を向《む》かい合《あ》わせにした場合《ばあい》と、たとえばN極《エヌきょく》とN極《エヌきょく》のように、同《おな》じ極同士《きょくどうし》を向《む》かい合《あ》わせにした場合《ばあい》でどう違《ちが》うのか？　少年探偵団《しょうねんたんていだん》といっしょにみんなも考《かんが》えてみよう！

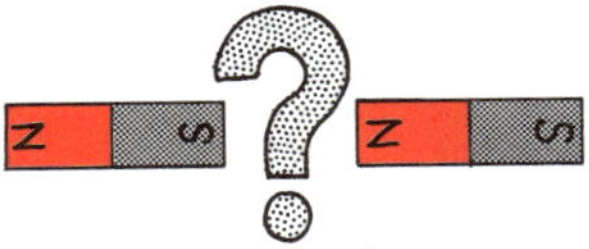
N
S
?
N
S
N極《エヌきょく》とS極《エスきょく》を向《む》かい合《あ》わせたとき

S
N
?
N
S
N極《エヌきょく》とN極《エヌきょく》を向《む》かい合《あ》わせたとき

F4-9

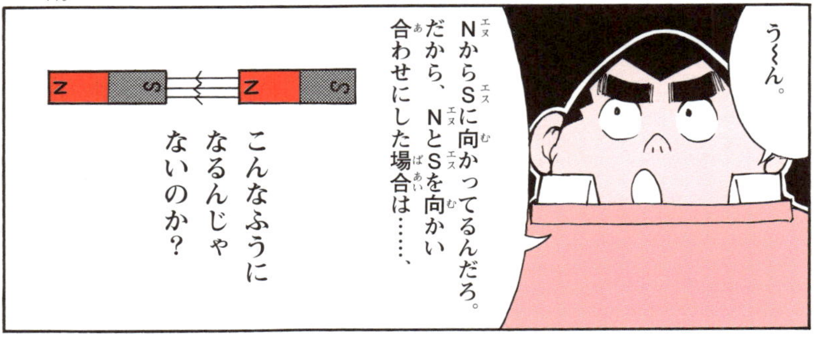
う〜ん。
N《エヌ》からS《エス》に向《む》かってるんだろ。だから、N《エヌ》とS《エス》を向《む》かい合《あ》わせにした場合《ばあい》は……、
N
S
N
S
こんなふうになるんじゃないのか？

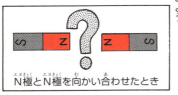

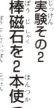

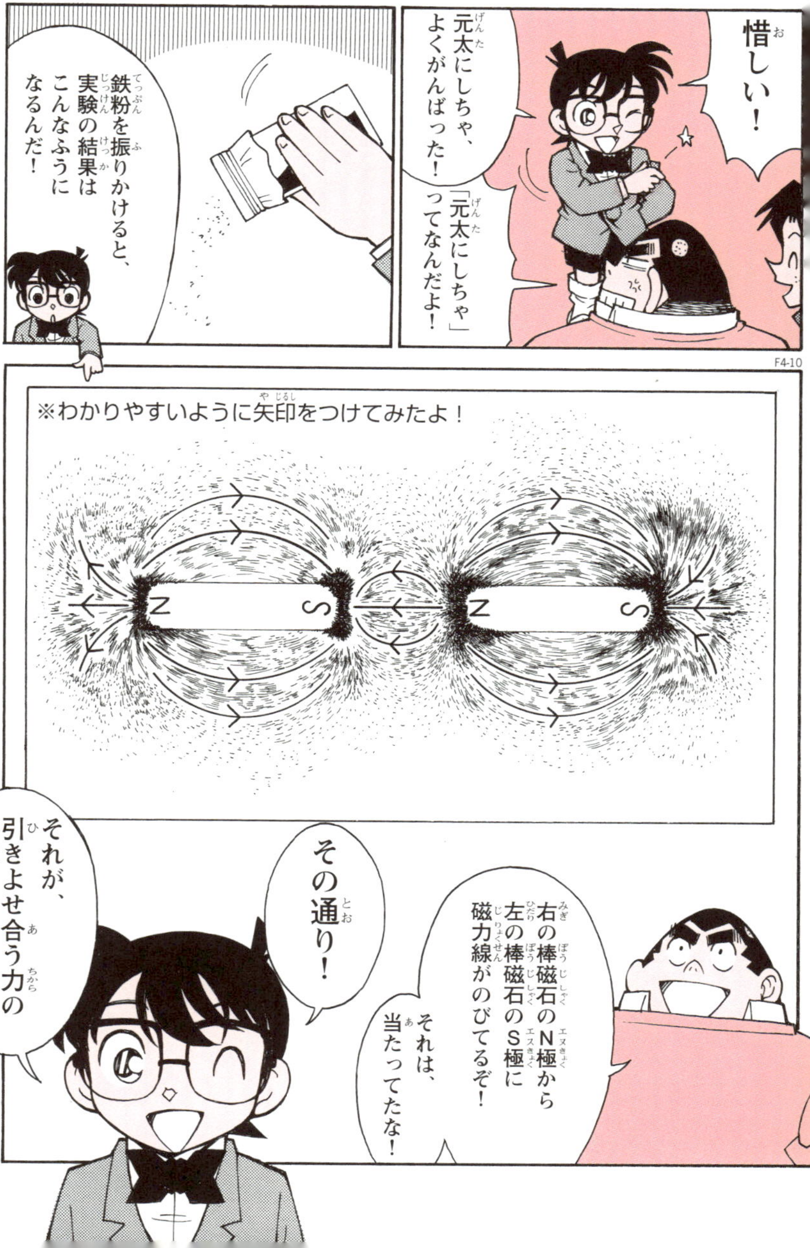
惜《お》しい！
元太《げんた》にしちゃ、よくがんばった！
「元太《げんた》にしちゃ」ってなんだよ！
鉄粉《てっぷん》を振《ふ》りかけると、実験《じっけん》の結果《けっか》はこんなふうになるんだ！
※わかりやすいように矢印《やじるし》をつけてみたよ！
N
S
N
S
右《みぎ》の棒磁石《ぼうじしゃく》のN極《エヌきょく》から左《ひだり》の棒磁石《ぼうじしゃく》のS極《エスきょく》に磁力線《じりょくせん》がのびてるぞ！
それは、当《あ》たってたな！
その通《とお》り！
それが、引《ひ》きよせ合《あ》う力《ちから》の正体《しょうたい》なのさ！

F4-10

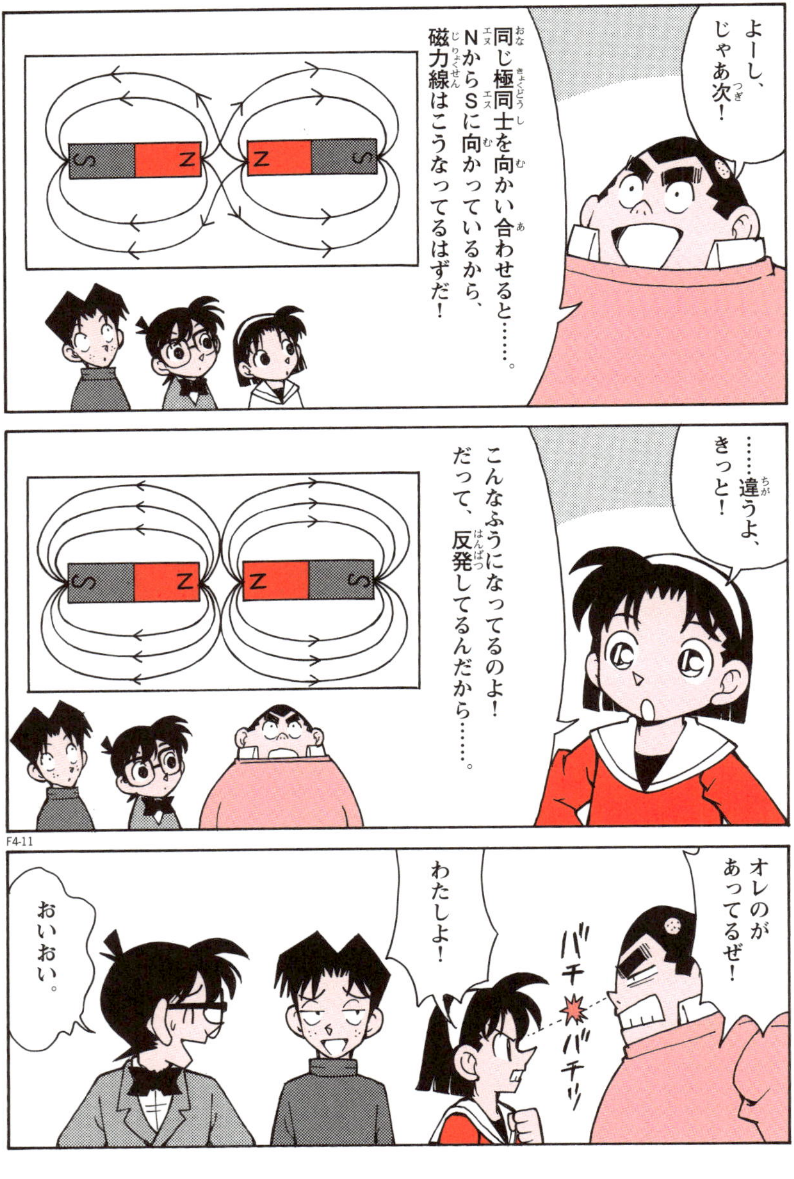
よーし、じゃあ次《つぎ》！
同《おな》じ極同士《きょくどうし》を向《む》かい合《あ》わせると……。N《エヌ》からS《エス》に向《む》かっているから、磁力線《じりょくせん》はこうなってるはずだ！
S N N S
……違《ちが》うよ、きっと！
こんなふうになってるのよ！だって、反発《はんぱつ》してるんだから……。
S N N S
オレのがあってるぜ！
バチバチッ
わたしよ！
おいおい。

F4-11

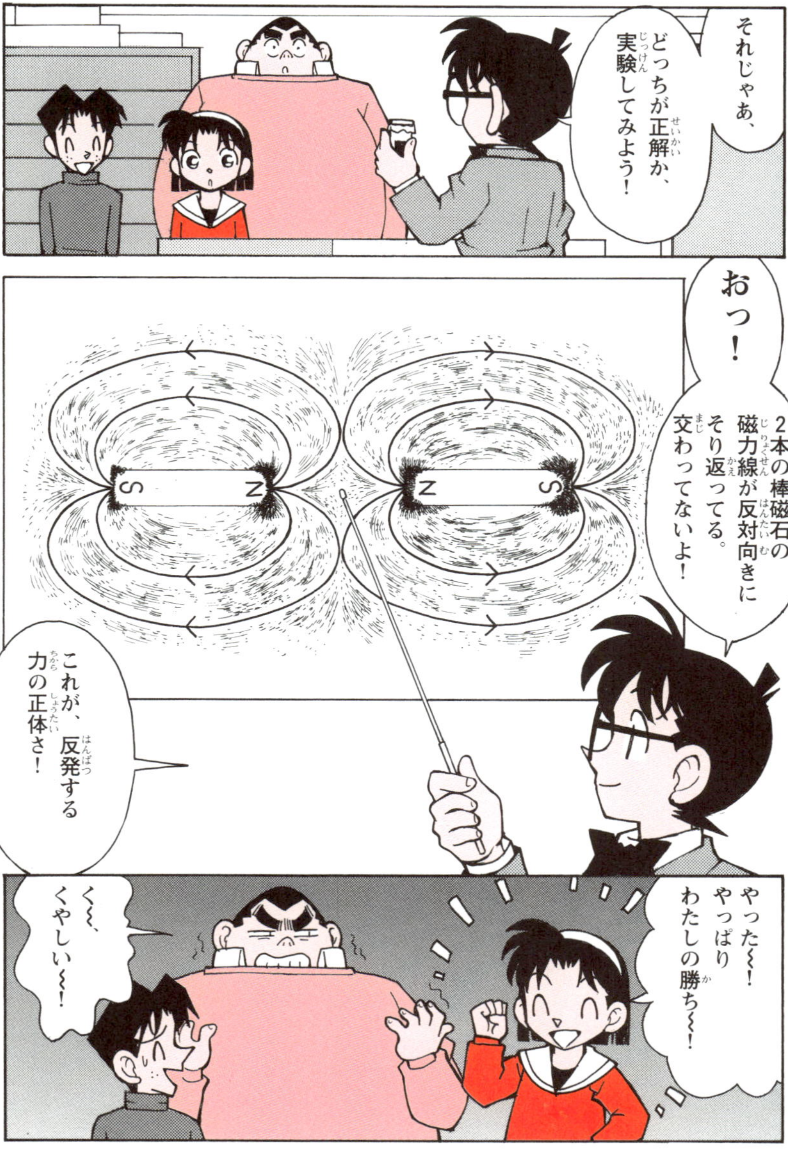

それじゃあ、
どっちが正解《せいかい》か、実験《じっけん》してみよう！
おっ！
2本《ぽん》の棒磁石《ぼうじしゃく》の磁力線《じりょくせん》が反対向《はんたいむ》きにそり返《かえ》ってる。交《まじ》わってないよ！
S
N
N
S
これが、反発《はんぱつ》する力《ちから》の正体《しょうたい》さ！
やった〜！やっぱりわたしの勝《か》ち〜！
く〜、くやしい〜！

できた磁力線《じりょくせん》は、透明《とうめい》のラッカースプレーを使《つか》えば保存《ほぞん》しておけるよ！
へ――！
シュー
※ラッカースプレーは金《かな》物店《ものてん》などで売《う》っています。使《つか》うときは、換気《かんき》に十分《じゅうぶん》注意《ちゅうい》してね。

F4-13

さらに、U《ユー》字型《じがた》磁石《じしゃく》とか、ほかの形《かたち》の磁石《じしゃく》もどんな磁力線《じりょくせん》になるか実験《じっけん》してみてね！
N
S
ちなみに、
磁力線《じりょくせん》の性質《せいしつ》を利用《りよう》して、力《ちから》を強《つよ》くしているのがメモどめ用《よう》のマグネットなんだ！

メモどめ用《よう》マグネットの秘密《ひみつ》

メモどめ用《よう》マグネットの磁石《じしゃく》は、普《ふ》通《つう》の磁石《じしゃく》とは違《ちが》って、いくつかのN極《エヌきょく》とS極《エスきょく》を交互《こうご》に並《なら》ばせているものが多《おお》いんだ。左《ひだり》の図《ず》のように普通《ふつう》の磁石《じしゃく》とくらべてみるとよくわかるけど、そうすると鉄《てつ》などに触《ふ》れる部分《ぶぶん》の磁力線《じりょくせん》が増《ふ》えるんだ。その分《ぶん》だけ、引《ひ》きよせる力《ちから》が強《つよ》くなるというわけ！

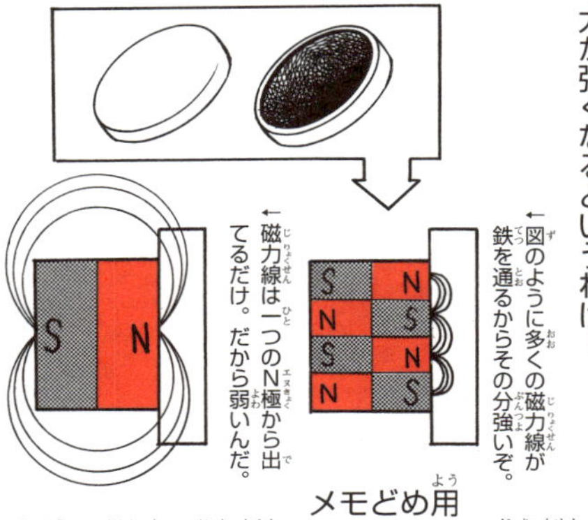
←図《ず》のように多《おお》くの磁力線《じりょくせん》が鉄《てつ》を通《とお》るからその分《ぶん》強《つよ》いぞ。
S N
N S
S N
N S
←磁力線《じりょくせん》は一《ひと》つのN極《エヌきょく》から出《で》てるだけ。だから弱《よわ》いんだ。
S N

メモどめ用マグネットの磁力線《じりょくせん》

普通《ふつう》の磁石《じしゃく》の磁力線《じりょくせん》

※ただし、片面《かためん》にN極《エヌきょく》とS極《エスきょく》が順番《じゅんばん》にたくさん並《なら》ぶと磁力《じりょく》は限《かぎ》りなく0《ゼロ》に近《ちか》づいていくよ。

やっぱりコナンくん、スゴイ！なんでも知《し》ってるんだから……。
ばっ
おっと！
おいおい、またかよ？ったく！
！
F4-14
歩美《あゆみ》ちゃんとコナンくんの間《あいだ》の磁力線《じりょくせん》は、こんな感《かん》じですね！
光彦《みつひこ》、うまい！
まいったな……。

キミも実験《じっけん》!

まるで芸術《げいじゅつ》!? 立体磁力線《りったいじりょくせん》

ファイル4では磁力線《じりょくせん》を平面《へいめん》で見《み》てきたけど、磁力線《じりょくせん》は立体的《りったいてき》に出《で》ているんだ!

用意《ようい》するもの

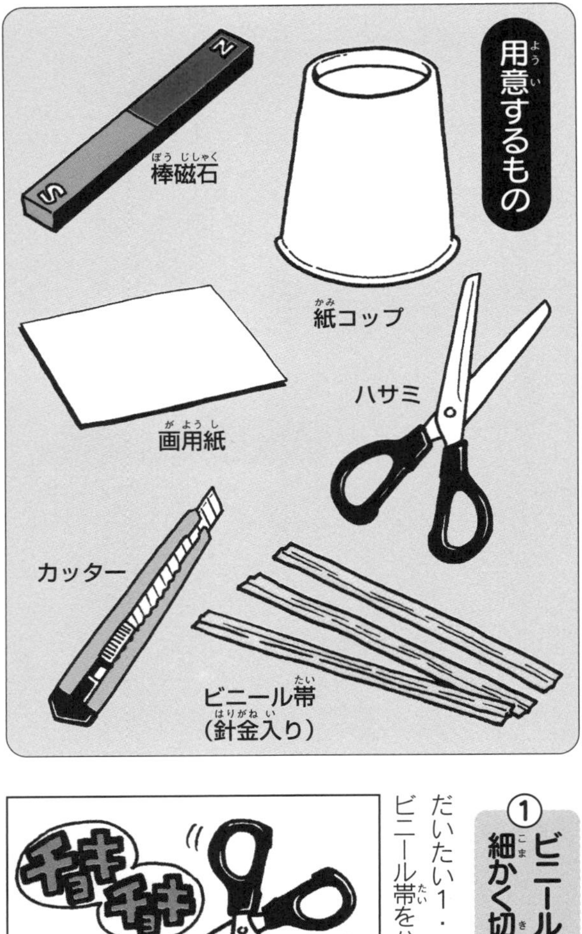
棒磁石《ぼうじしゃく》
紙《かみ》コップ
ハサミ
画用紙《がようし》
カッター
ビニール帯《たい》
（針金《はりがね》入《い》り）

① ビニール帯《たい》をハサミで細《こま》かく切《き》る

だいたい1・5㎝ぐらいの長《なが》さに、ビニール帯《たい》をハサミで切《き》ろう。

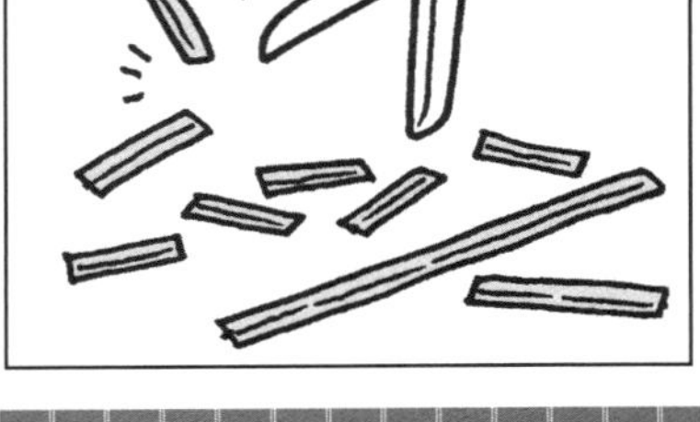
チョキチョキ

② カッターで紙《かみ》コップに穴《あな》をあける

紙《かみ》コップをひっくり返《かえ》し、カッターを使《つか》って底《そこ》面《めん》に十字《じゅうじ》の切《き》れ目《め》を入《い》れよう。紙《かみ》コップには棒磁《ぼうじ》石《しゃく》をさしこむから、棒磁《ぼうじ》石《しゃく》の太《ふと》さよりちょっとだけ大《おお》きいぐらいの切《き》れ目《め》を入《い》れるといいよ。

カッターを使《つか》うときは、手《て》を切《き》らないように気《き》をつけてね。

③ 紙《かみ》コップに棒磁石《ぼうじしゃく》を立《た》てる

紙《かみ》コップの底面《そこめん》に入《い》れた十字《じゅうじ》の切《き》れ目《め》に、棒磁《ぼうじ》石《しゃく》をゆっくりとさしこもう。棒磁石《ぼうじしゃく》は、コップを置《お》いたテーブルにつくくらいまで深《ふか》くさしこんで、棒磁石《ぼうじしゃく》をしっかり立《た》たせよう。

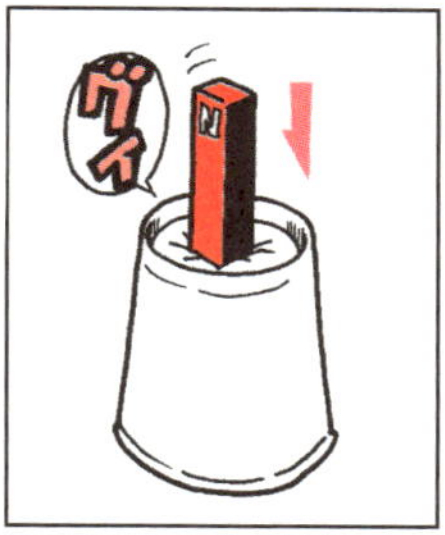

グイグイと、少《すこ》しずつ力《ちから》を入《い》れてさしこもう。

④ 画用紙《がようし》の上《うえ》に切《き》ったビニール帯《たい》を置《お》く

次《つぎ》に、画用紙《がようし》の上《うえ》に①で細《こま》かく切《き》ったビニール帯《たい》をのせよう。中心部分《ちゅうしんぶぶん》に集《あつ》まるようにのせるといいよ。これで準備《じゅんび》はO《オー》K《ケー》だ。

いろいろな色《いろ》のビニール帯《たい》を使《つか》ってみてもいいよね！

⑤ 画用紙《がようし》を棒磁石《ぼうじしゃく》にかざすと…

紙《かみ》コップに立《た》てた棒磁石《ぼうじしゃく》の上《うえ》から、ビニール帯《たい》をのせた画用紙《がようし》を近《ちか》づけるんだ。ビニール帯《たい》の中《なか》に通《とお》っている針金《はりがね》が反応《はんのう》して、磁《じ》力線《りょくせん》の形《かたち》にビニール帯《たい》が立《た》つぞ。磁力線《じりょくせん》の方向《ほうこう》を確《たし》かめてみよう。

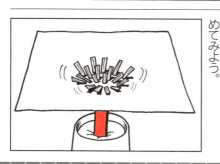

FILE《ファイル》 5

方位磁石《ほういじしゃく》はとっても便利《べんり》!

みんな、方位磁石《ほういじしゃく》って知《し》ってる? 山歩《やまある》きなんかをするときに便利《べんり》なものなんだよ!

F5-1

それにしても博士《はかせ》……、
今日《きょう》はなんで、磁石《じしゃく》を持《も》ってきちゃダメなんだ?
ハイキングのときぐらい、磁石《じしゃく》のことは忘《わす》れて楽《たの》しもうじゃないか!
……なーんかあやしいんだよな。
博士《はかせ》め……、何《なに》かたくらんでるんじゃ……。
さあ、
食《た》べ終《お》わったら山頂《さんちょう》を目指《めざ》すぞ!
おーっ!!
……はりきってんなー、おまえら……。

F5-2

こっちが近道《ちかみち》じゃ！
おいおい、そっちは森《もり》の中《なか》じゃんか。
いいからいいから。わしにまかせるんじゃ！
……やっぱりあやしいぞ……。
30分後《ぷんご》――
ぜんぜん山頂《さんちょう》につきませんね……。
もう、歩《ある》くの疲《つか》れたぜ。
博士《はかせ》……、まさか道《みち》に迷《まよ》ったんじゃ……。

F5-3

まさしく
その通《とお》り！
くるっ
え〜〜〜〜〜〜〜〜！！
大変《たいへん》だ！
大変《たいへん》だ！
ははは、
大丈夫《だいじょうぶ》！
心配《しんぱい》いらんよ！
ごそっ
余裕《よゆう》ありすぎ
なんだよな……。
ホントあやしい……。
F5-4
ジャーーン
これが
ある！

方位磁石《ほういじしゃく》っていったい何《なに》？

方位磁石《ほういじしゃく》とは、東西南北《とうざいなんぼく》といった方角《ほうがく》を知るものなんだ。磁石《じしゃく》のN極《エヌきょく》が、常《つね》に北《きた》の方角《ほうがく》を指《さ》すという性質《せいしつ》から作《つく》られたもので、古代中国《こだいちゅうごく》で発明《はつめい》されたものなんだ。それが発達《はったつ》して羅針盤《らしんばん》となり、12世紀《せいき》ごろにヨーロッパに伝《つた》えられたんだよ。この発明《はつめい》がなかったら、15世紀《せいき》のヨーロッパに大航海時代《だいこうかいじだい》は来《こ》なかったかもしれないね！　磁石《じしゃく》って、やっぱりスゴイ!!

へ〜〜〜〜〜。
方位磁石《ほういじしゃく》があると東西南北《とうざいなんぼく》がわかるのね！
そういうこと！
方位磁石《ほういじしゃく》と地図《ちず》があれば、
どちらに進《すす》めばいいかがわかるはずじゃ！
地図
ほっ……。
博士《はかせ》〜、早《はや》く調《しら》べてくれよ！
うむ。じゃ、さっそく……。
……すまん。古《ふる》い方位磁石《ほういじしゃく》なもので、壊《こわ》れておったようじゃ！
ぽりぽり
……。
え〜〜〜〜〜〜〜！！

F5-6

ぼくたち、そうなんしたんですか!?
どうしよう!どうしよう!
あせ あせ
どうなっちゃうの?わたしたち。
みんな、落《お》ち着《つ》け!
安心《あんしん》するのじゃ!
みんなの持《も》っているものの中《なか》で、方位磁石《ほういじしゃく》の代《か》わりになるものがあるぞ!
えっ!
本当《ほんとう》?
さて、この中《なか》のどれかな?

F5-7

1 歩美《あゆみ》の水筒《すいとう》
2 光彦《みつひこ》の双眼鏡《そうがんきょう》
3 元太《げんた》の帽子《ぼうし》
4 コナンの弁当箱《べんとうばこ》
5 哀《あい》のイヤホン
6 博士《はかせ》の登山《とざん》ぐつ

F5-8

う〜〜〜ん？
方位磁石《ほういじしゃく》の代《か》わりになるものですか……。
ぜんぜん似《に》てるものなんか、ないよ〜〜〜。
……きっと、磁石《じしゃく》に関係《かんけい》あるものだよな？
はっ
？
元太《げんた》くん、するどい！
磁石《じしゃく》が使《つか》われているものを当《あ》てればいいんですよ！
そうか！なるほど！

F5-9

あーだ こーだ
わい わい
で、答《こた》えはどれなんだ？
博士《はかせ》が前《まえ》に教《おし》えてくれたんじゃない？
そうか!!
F5-10
答《こた》えは、
これだ!!
ビシッ
みんなはどれが正解《せいかい》かわかったかな？
答《こた》えと実験《じっけん》は次《つぎ》のページ！

コナンと実験！

方《ほう》位《い》がわかるマグネチックイヤホン

方位磁石《ほういじしゃく》がなくても、ほかのもので代用《だいよう》できるってホントかな？　さっそく実験《じっけん》だ！

用意《ようい》するもの

釣《つ》り糸《いと》などの糸《いと》

細《ほそ》くて、ぶら下《さ》げたものが自由《じゆう》に動《うご》けるようにできる糸《いと》ならなんでもオーケー！

イヤホン

イヤホンの中《なか》でも、マグネチックイヤホンと呼《よ》ばれるもの。なかに磁石《じしゃく》が使《つか》われているよ。

答《こた》えは哀《あい》ちゃんのイヤホンで〜す！

F5-11

うむ、大正解《だいせいかい》じゃ！
33ページで教《おし》えたことを、よく覚《おぼ》えておったな！

イヤホンの頭《あたま》の部分《ぶぶん》の内部《ないぶ》に磁石《じしゃく》が使《つか》われておるのじゃ。

でも、どうやって
使《つか》えば、方位磁石《ほういじしゃく》の
代《か》わりになるの？
うむ。
まずは、
イヤホンに糸《いと》を
結《むす》びつけるのじゃ。

イヤホンの
頭《あたま》の部分《ぶぶん》が、
よく見《み》えるように
結《むす》びつけて――

F5-12

そして、
糸《いと》でどこかに
ぶら下《さ》げる……。
この枝《えだ》が
いいかな？
うん、
いいね。

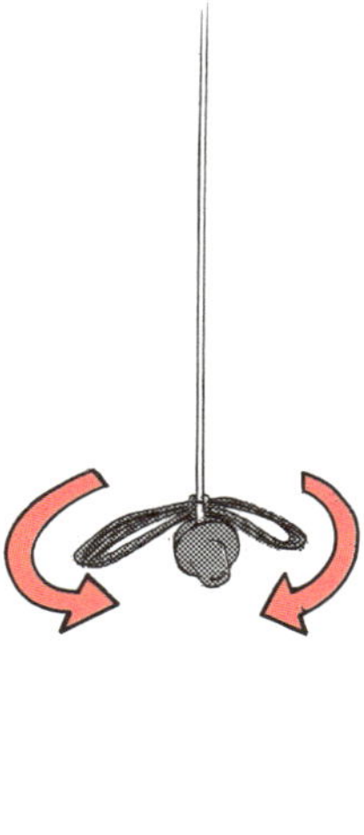

ぶら下《さ》げたイヤホンが、
左右《さゆう》どちらにも自由《じゆう》に回転《かいてん》するように
ぶら下《さ》げるのが
ポイントじゃ！

しばらく放《ほう》っておくと――
バーン
イヤホンが止《と》まるのじゃ!!
何度《なんど》やっても同《おな》じ向《む》きで止《と》まるぞ。
イヤホンの頭《あたま》の、耳《みみ》に入《い》れる部分《ぶぶん》が向《む》いた方角《ほうがく》が北《きた》なのじゃ!
北《きた》
南《みなみ》
じゃあ、あっちが北《きた》ってことだな!
えーと、地図《ちず》によると……。
現在地《げんざいち》はこのへんだろ!
なら、東《ひがし》のほうに進《すす》めば、道《みち》に出《で》ますね!

5-13

やった〜〜〜!
助《たす》かった〜〜〜!!
だけど――
イヤホンして来《き》たんだ?
昨日《きのう》、博士《はかせ》にイヤホンをして行《い》くように頼《たの》まれたのよ。
道に迷ったのも、方位磁石《ほういじしゃく》が壊《こわ》れてたのも、イヤホンも……、
やっぱり全部《ぜんぶ》博士《はかせ》の計画《けいかく》だったってわけか!
まあ、みんな喜《よろこ》んでいるみたいだから、いいんじゃない?

キミも実験《じっけん》！

古代《こだい》中国《ちゅうごく》の方位磁石《ほういじしゃく》を作《つく》ろう！

古代中国《こだいちゅうごく》で使《つか》っていた方位磁石《ほういじしゃく》と同《おな》じやり方《かた》で、方角《ほうがく》を調《しら》べてみよう！

用意《ようい》するもの

① 洗面器《せんめんき》に水《みず》を入《い》れよう

まず、洗面器《せんめんき》に水《みず》を入れよう。水《みず》は、洗面器《せんめんき》の半分《はんぶん》より少《すこ》し多《おお》いぐらいまででいいよ。こぼさないように注意《ちゅうい》してね。

② 洗面器《せんめんき》にお皿《さら》を浮《う》かべよう

水《みず》を入《い》れた洗面器《せんめんき》に、発泡《はっぽう》スチロール製《せい》のお皿《さら》を浮《う》かべよう。お皿《さら》じゃなくても浮《う》いて安定《あんてい》する発泡《はっぽう》スチロールならＯＫ。

③ そーっと棒磁石《ぼうじしゃく》をのせると…!?

発泡《はっぽう》スチロールのお皿《さら》の上《うえ》に、そっと棒磁石《ぼうじしゃく》をのせ、しばらくそのままにしておこう。すると、

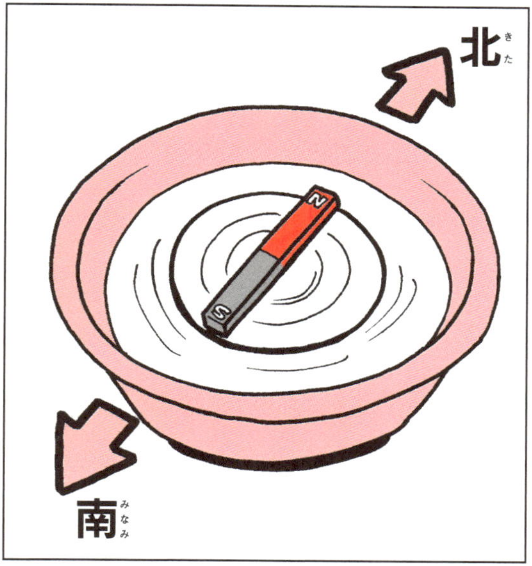

お皿が回転してある場所で停止《ていし》するぞ。棒磁石《ぼうじしゃく》のN極《エヌきょく》が向《む》いた方向《ほうこう》が北《きた》、S極《エスきょく》の方向《ほうこう》が南《みなみ》なんだ。棒磁石《ぼうじしゃく》をのせたお皿《さら》が沈《しず》むときは、もっと大《おお》きなお皿《さら》を用意《ようい》するといいよ。

古代中国《こだいちゅうごく》で作《つく》られた方位磁石《ほういじしゃく》『指南魚《しなんぎょ》』

方位磁石《ほういじしゃく》を最初《さいしょ》に使《つか》っていたのは、11世紀《せいき》頃《ごろ》の古代中国《こだいちゅうごく》だと言《い》われているよ。古代中国《こだいちゅうごく》の人《ひと》は、すでに磁石《じしゃく》が南北《なんぼく》を向《む》くことを知《し》っていたんだね。

天然《てんねん》の磁石《じしゃく》を木製《もくせい》の魚《さかな》の中《なか》に入《い》れたものが、『指南魚《しなんぎょ》』と呼《よ》ばれていたそうだよ。指南魚《しなんぎょ》は「南《みなみ》の方角《ほうがく》を指《さ》す魚《さかな》」という意味《いみ》。水《みず》に浮《う》かべると、中《なか》の磁石《じしゃく》の力《ちから》で魚《さかな》の頭《あたま》が南《みなみ》を向《む》くようになっているんだ。

ほかにももっと簡単《かんたん》なものとしては、天然《てんねん》の磁石《じしゃく》で針《はり》をこすって磁化《じか》させ（磁化《じか》についてはファイル8を読《よ》んでね）、その針《はり》をわらにさしこんで水《みず》に浮《う》かべたものもあったんだ。

さらに、鉄片《てっぺん》を炭火《すみび》で灼熱《しゃくねつ》させ、水中《すいちゅう》で冷《ひ》やして着磁《ちゃくじ》させる方法《ほうほう》で磁石《じしゃく》にして、指南魚《しなんぎょ》の中《なか》に入《い》れたと書《か》いてある文献《ぶんけん》もあるんだ。今《いま》から1000年《ねん》も前《まえ》の11世紀《せいき》に、すでに人《じん》工《こう》の磁石《じしゃく》が作《つく》られていたんだね。

キミも実験《じっけん》!

持《も》ち運《はこ》べる方位磁石《ほういじしゃく》を作《つく》ろう!

次《つぎ》は簡単《かんたん》に作《つく》れて、いろんな場所《ばしょ》に持《も》ち運《はこ》べる便利《べんり》な方位磁石《ほういじしゃく》を作《つく》ろう!

用意《ようい》するもの

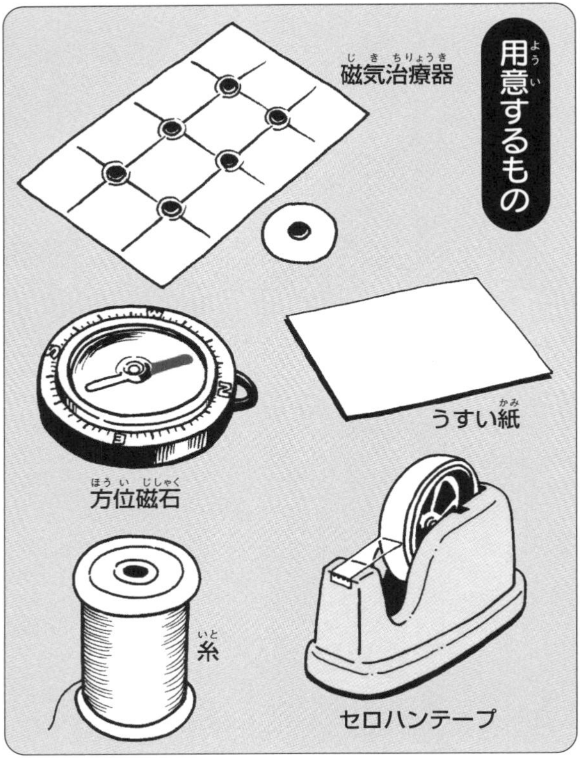

① 磁気治療器《じきちりょうき》から磁石《じしゃく》を取《と》り出《だ》そう

磁気治療器《じきちりょうき》についている、小《ちい》さな磁石《じしゃく》を取《と》り出《だ》そう。これは小《ちい》さくてもちゃんとした磁石《じしゃく》なんだ。磁気治療器《じきちりょうき》は使用済《しようず》みのものを使《つか》おう。使《し》用後《ようご》でも磁力《じりょく》は変《か》わらないよ。

② 磁石《じしゃく》にセロハンテープで糸《いと》をはり、方角《ほうがく》を確認《かくにん》しよう

磁石《じしゃく》にセロハンテープで糸《いと》をはりつけよう。ぶら下《さ》げて、磁石《じしゃく》のどちらの面《めん》が北《きた》を向《む》くか、方位《ほうい》磁石《じしゃく》を使《つか》って確認《かくにん》してね。

磁石《じしゃく》が自由《じゆう》に回《まわ》れるようにしよう！

③ うすい紙《かみ》で北《きた》を向《む》く面《めん》に目印《めじるし》をつけよう

北《きた》を向《む》く面《めん》がわかったら、うすくて軽《かる》い紙《かみ》を使《つか》って目印《めじるし》をつけよう。厚《あつ》くて重《おも》い紙《かみ》を使《つか》うと、磁石《じしゃく》が自由《じゆう》に動《うご》かなくなるから注意《ちゅうい》してね。これで方位《ほうい》磁石《じしゃく》の出来上《できあ》がり。糸《いと》を巻《ま》いて持《も》ち歩《ある》こう！

航海《こうかい》に使《つか》われた羅針盤《らしんばん》

11世紀《せいき》に中国《ちゅうごく》で使《つか》われていた方位磁石《ほういじしゃく》は、羅針盤《らしんばん》として改良《かいりょう》され、12世紀《せいき》にはヨーロッパに伝《つた》わったんだ。羅針盤《らしんばん》はヨーロッパで発達《はったつ》して、さらに改良《かいりょう》されたことにより、遠《とお》くへの航海《こうかい》に役立《やくだ》つようになったぞ。羅針盤《らしんばん》のおかげで、15世紀《せいき》にコロンブスはアメリカ大陸《たいりく》を発見《はっけん》したし、16世紀《せかい》にマゼランの世界《せかい》一周航海《いっしゅうこうかい》は成功《せいこう》をおさめたんだ。

物語《ものがたり》に出《で》てくる磁石《じしゃく》①

『毛抜《けぬき》』（歌舞伎《かぶき》）

磁石《じしゃく》が登場《とうじょう》する物語《ものがたり》を紹介《しょうかい》するよ。一《ひと》つ目《め》は、伝統芸能《でんとうげいのう》の歌舞伎《かぶき》から！

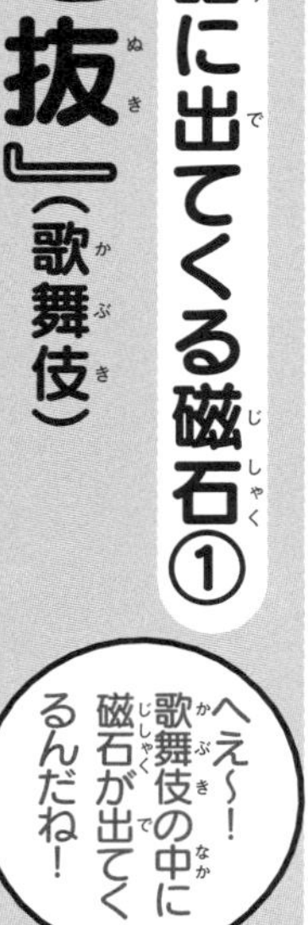

↑鉄《てつ》で出来《でき》た毛抜《けぬ》きと、小柄《こづか》が床《ゆか》の上《うえ》で踊《おど》っているよ。

江《え》戸時代《どじだい》に作《つく》られた歌《か》舞伎《ぶき》の中《なか》から、磁石《じしゃく》が出《で》てくる『毛抜《けぬき》』というお話《はなし》を紹介《しょうかい》しよう。

主人公《しゅじんこう》の粂寺弾正《くめでらだんじょう》は、主人《しゅじん》である文屋豊秀《ぶんやのとよひで》のいいつけで、小野春道《おののはるみち》の館《やかた》にやってきた。豊秀《とよひで》は春道《はるみち》の娘《むすめ》・錦《にしき》の前《まえ》との結婚《けっこん》を延期《えんき》させられているため、その催促《さいそく》にと弾正《だんじょう》を行《い》かせたのだ。

結婚《けっこん》を延期《えんき》している理由《りゆう》は、錦《にしき》の前《まえ》の髪《かみ》の毛《け》が逆立《さかだ》つという奇病《きびょう》に冒《おか》されているため。毛《け》が逆立《さかだ》つ病気《びょうき》とは……!? 誰《だれ》にも治《なお》すことができないので、結婚《けっこん》できないという。

毛抜《けぬ》きが踊《おど》り出《だ》しさぁ大変《たいへん》！

待《ま》ちぼうけを食《く》らった弾正《だんじょう》は、暇《ひま》を持《も》てあまし、毛抜《けぬ》きで髭《ひげ》を抜《ぬ》き、煙管《きせる》でたばこを吸《す》っていると、奇《き》妙《みょう》なことに気《き》が付《つ》く。毛抜《けぬ》きが床《ゆか》に立《た》って踊《おど》り出《だ》した

弾正《だんじょう》は、見事《みごと》な推理《すいり》でトリックをあばいたぞ！

↑屋根裏《やねうら》から落《お》ちてきた忍者《にんじゃ》を捕《つか》まえた弾正《だんじょう》。忍者《にんじゃ》が手《て》にしているのが、巨大《きょだい》な磁石《じしゃく》である羅針盤《らしんばん》。江戸時代《えどじだい》にも磁石《じしゃく》はあったんだね。

のだ！　だが毛抜《けぬ》きは踊《おど》り出《だ》すのに、煙管《きせる》は踊《おど》り出《だ》さない。さらに小柄《こづか》（小型《こがた》の刀《かたな》）も踊《おど》り出《だ》す。毛抜《けぬ》きと小柄《こづか》は鉄《てつ》で出来《でき》ているけど、煙管《きせる》は銀《ぎん》で出来《でき》ている。ひらめいた弾正《だんじょう》が、「屋根《やね》だ、屋根《やね》にしかけがあるぞ！」と、槍《やり》で天井裏《てんじょううら》を突《つ》くと、大《おお》きな磁石《じしゃく》を手《て》にした忍者《にんじゃ》が落《お》ちてきた!!

なんと錦《にしき》の前《まえ》の鉄製《てっせい》の髪《かみ》飾《かざ》りを磁石《じしゃく》で吸《す》い寄《よ》せて、髪《かみ》の毛《け》を逆立《さかだ》てていたのだ！　弾正《だんじょう》はこのからくりをあばき、黒幕《くろまく》の家老《かろう》も退《たい》治《じ》したのだった。

このように、歌舞伎《かぶき》の中《なか》にも磁石《じしゃく》の知識《ちしき》が取《と》り入《い》れられていたんだね。

協力／松竹株式会社、社団法人　日本俳優協会

FILE《ファイル》 6

小《ちい》さくなっても磁《じ》石《しゃく》は磁《じ》石《しゃく》？

磁《じ》石《しゃく》が割《わ》れて小《ちい》さくなったら、もう使《つか》えなくなるのかな？ それとも……!?

F6-1

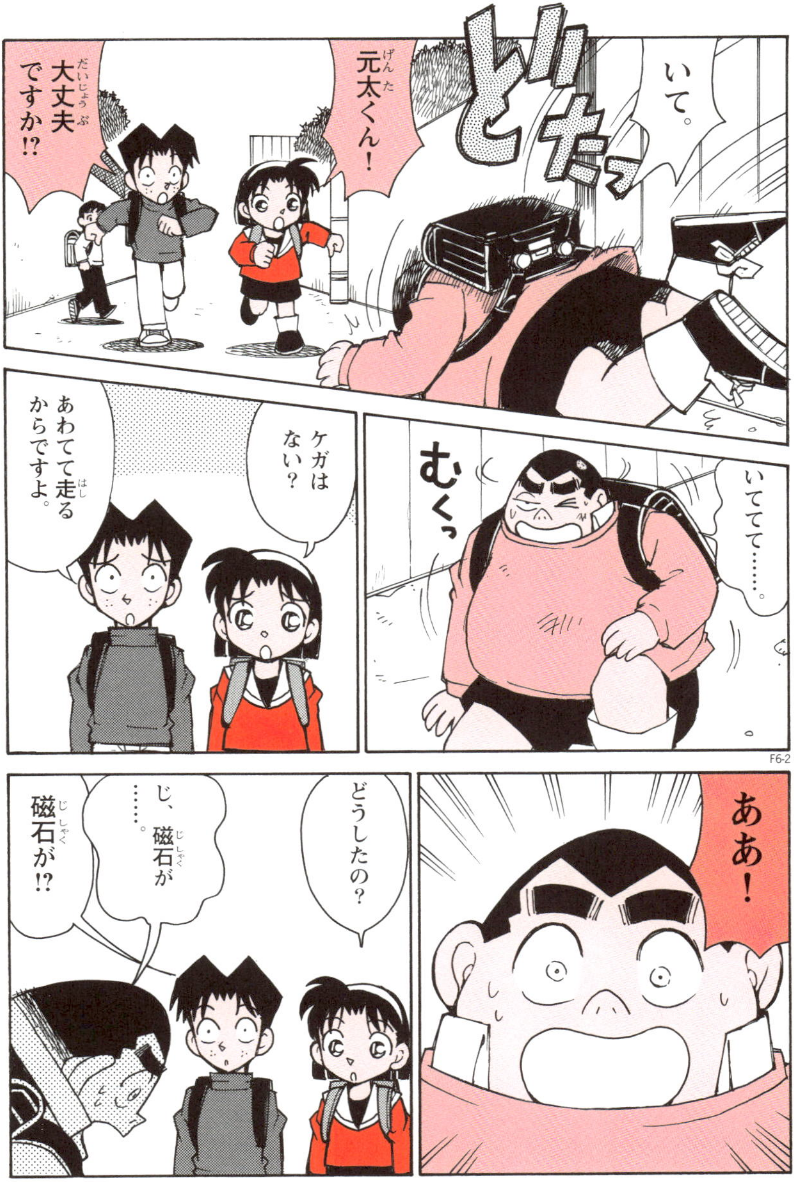
いて。
どたっ
元太《げんた》くん!
大丈夫《だいじょうぶ》ですか!?
むくっ
いてて……。
ケガはない?
あわてて走《はし》るからですよ。
ああ!
どうしたの?
じ、磁石《じしゃく》が……。
磁石《じしゃく》が!?

F6-2

磁石《じしゃく》が、割《わ》れちゃったく〜!?
朝《あさ》からさわいでるんだ?
あ、コナンくん。
コナン、大変《たいへん》だー。フェライト磁石《じしゃく》が割《わ》れちゃったんだ。
いつも手《て》に持《も》ってるからですよー。
これじゃ、もう使《つか》えないよなー。
いや、そんなことはないよ!
割《わ》れたって磁石《じしゃく》は磁石《じしゃく》さ!
F6-3

え？
ホントか!?
そうなんだ！
それじゃ、ここでちょっとクイズを出《だ》そう！
棒磁石《ぼうじしゃく》が左《ひだり》のように真《ま》ん中《なか》でポッキリ割《わ》れてしまった……。
さて、割《わ》れた二《ふた》つの磁石《じしゃく》のS極《エスきょく》とN極《エヌきょく》はどうなるかな？
N
S
う〜むむむ……。
真《ま》ん中《なか》で割《わ》れたから、S極《エスきょく》だけの磁石《じしゃく》とN極《エヌきょく》だけの磁石《じしゃく》ができるんじゃない？
N
S
N
N
S
S

F6-4

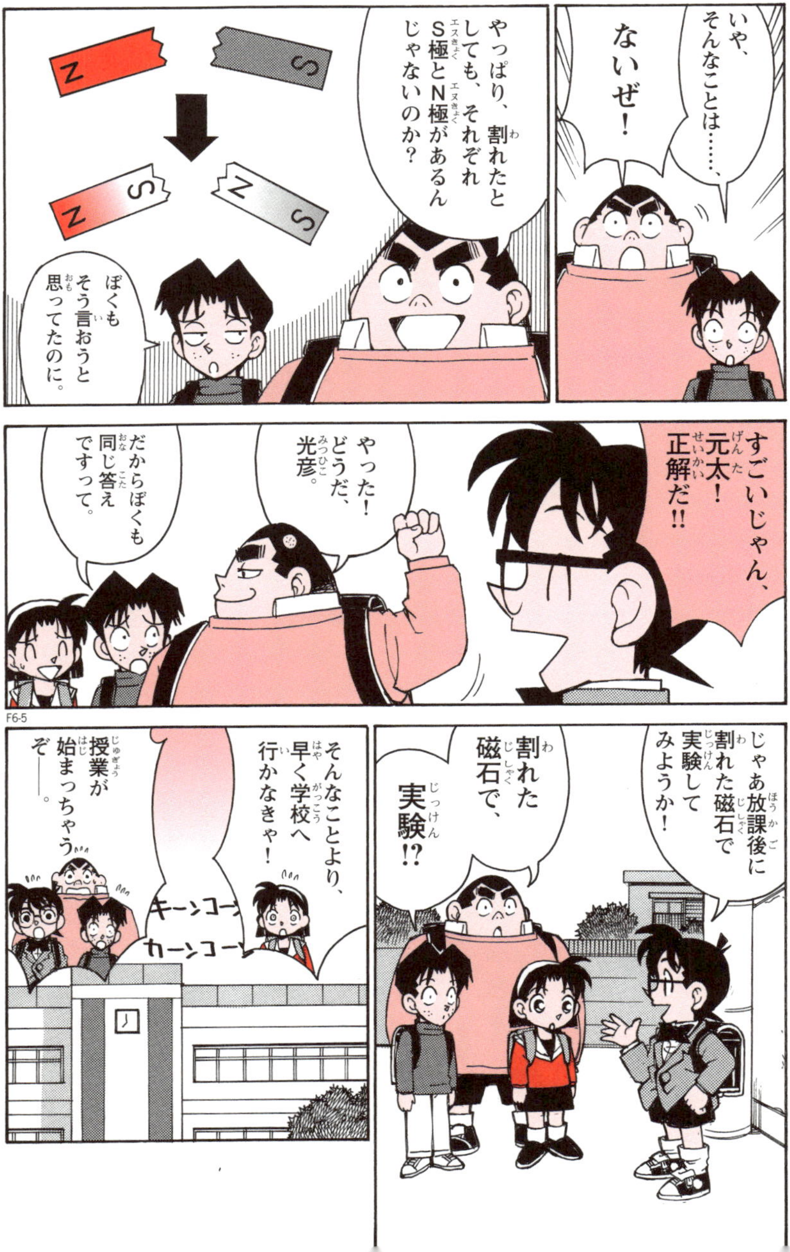
いや、そんなことは……、
ないぜ！
N
S
N
S
N
S
やっぱり、割《わ》れたとしても、それぞれS極《エスきょく》とN極《エヌきょく》があるんじゃないのか？
ぼくもそう言《い》おうと思《おも》ってたのに。
すごいじゃん、元太《げんた》！正解《せいかい》だ!!
やった！どうだ、光彦《みつひこ》。
だからぼくも同《おな》じ答《こた》えですって。
じゃあ放課後《ほうかご》に割《わ》れた磁石《じしゃく》で実験《じっけん》してみようか！
割《わ》れた磁石《じしゃく》で、実験《じっけん》!?
そんなことより、早《はや》く学校《がっこう》へ行《い》かなきゃ！
キーンコーン
カーンコーン
授業《じゅぎょう》が始《はじ》まっちゃうぞ——。

F6-5

放課後《ほうかご》——
フェライト磁石《じしゃく》を割《わ》ってしまったんじゃな……。
うん。でもまだちゃんと磁石《じしゃく》として使《つか》えるんだな。
小《ちい》さくなったフェライト磁石《じしゃく》もいろんなところにくっついたぞ!
ぴた
ぴた
じゃが、もっと小《ちい》さくしたらどうなるかな?
え?
もっと小《ちい》さく!?
今日《きょう》は、そういう実験《じっけん》をしよう!

F6-6

小《ちい》さく砕《くだ》いたフェライト磁石《じしゃく》

割《わ》れてしまったフェライト磁《じ》石《しゃく》を使《つか》って、ちょっと不思議《ふしぎ》な実験《じっけん》をしてみよう！

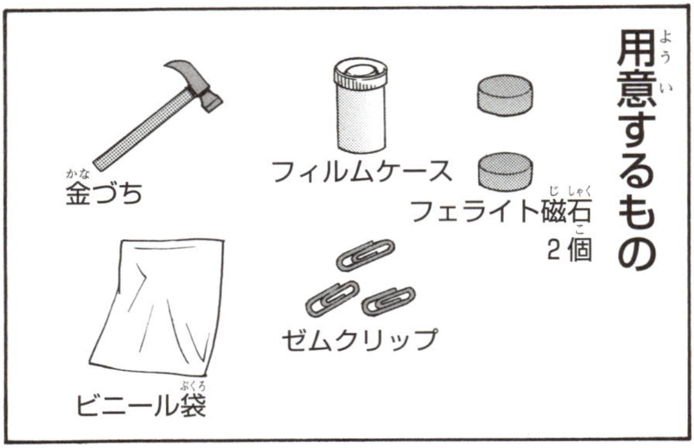

F6-7

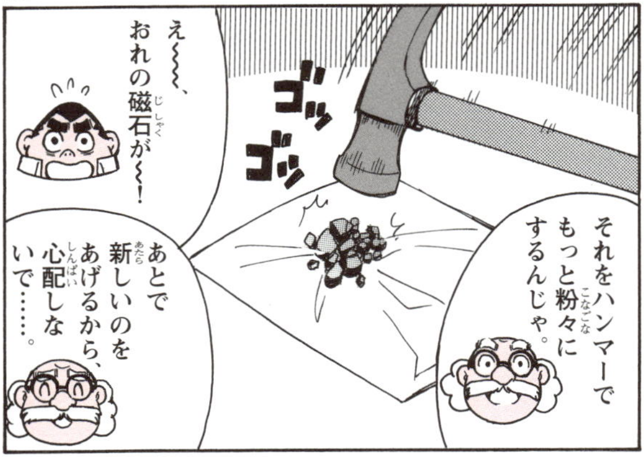

細《こま》かく砕《くだ》いた磁石《じしゃく》はフィルムケースに入《い》れるのじゃ。
さて、ここで問題《もんだい》じゃ。
フィルムケースの磁石《じしゃく》はゼムクリップを引《ひ》きよせるかな？
そんなの簡単《かんたん》じゃん。
そうよ。小《ちい》さくても磁石《じしゃく》は磁石《じしゃく》でしょー。
引《ひ》きよせるに決《き》まってますよ。
うむ。じゃあ、やってみよう。
すっ
あっ!!
シーーンッ
ぜんぜんゼムクリップを引《ひ》きよせないぞ!!

F6-8

F6-9

粒状《つぶじょう》になった磁石《じしゃく》がゼムクリップを引《ひ》きよせない理由《りゆう》は?

粒《つぶ》になった磁石《じしゃく》は、それぞれの粒《つぶ》にN極《エヌきょく》とS極《エスきょく》があるんだ。だから、ただ粒《つぶ》を集《あつ》めると、それぞれの粒《つぶ》のN極《エヌきょく》とS極《エスきょく》がバラバラの向《む》きを向《む》いているため、磁力《じりょく》をうち消《け》し合《あ》ってしまうんだ。でも、ほかの磁石《じしゃく》を近《ちか》づけてやることで、それぞれの粒《つぶ》が同《おな》じ向《む》きに並《なら》んで、磁力《じりょく》が復活《ふっかつ》するんだ!

粒状《つぶじょう》になった磁石《じしゃく》
それぞれにN極《エヌきょく》S極《エスきょく》が
あるから、こういう
現象《げんしょう》が起《お》きるのじゃ!
じゃあ、
元太《げんた》くんに新《あたら》しい
フェライト磁石《じしゃく》を
あげよう。
!
いや、おれは
この粒状《つぶじょう》の磁石《じしゃく》で
いいぜ!
え?
どうして
じゃ?
F6-10
だって、みんなの
持《も》ってる磁石《じしゃく》は
一《ひと》つだろ?
こっちのほうが
いっぱいで、得《とく》した
気分《きぶん》じゃん!
……
得《とく》なのかなー?
まぁ、
本人《ほんにん》が気《き》に入《い》ってる
ならいいじゃん!

『名探偵《めいたんてい》コナン』の不思議《ふしぎ》をガリレオ工房《こうぼう》が解明《かいめい》！

名探偵《めいたんてい》コナンVSガリレオ工房《こうぼう》 1

キック力増強《りょくぞうきょう》シューズで大木《たいぼく》は倒《たお》れるの？

コナンのキック力《りょく》を、超人的《ちょうじんてき》にアップする秘密《ひみつ》アイテムが現実《げんじつ》にあったら？

『名探偵《めいたんてい》コナン』に登《とう》場《じょう》するコナンの秘密《ひみつ》アイテムの一《ひと》つ、キック力《りょく》増強《ぞうきょう》シューズ。いろいろな場面《ばめん》で役立《やくだ》っているアイテムなんだけど、今回《こんかい》は帝丹小学校《ていたんしょうがっこう》の大木《たいぼく》を倒《たお》してしまったシーンに、ガリレオ工房《こうぼう》は注目《ちゅうもく》してみた。

まずは、大木《たいぼく》を倒《たお》すために、どれくらいの力《ちから》が必要《ひつよう》かを計算《けいさん》してみよう。大木《たいぼく》が、直径《ちょっけい》1mだとすると……だいたい2t《トン》ぐらいの力《ちから》が必要《ひつよう》なのだ！ 次《つぎ》にサッカーボールを2t《トン》の力《ちから》でぶつけるためにどれくらいの速《はや》さがいるのかというと……なんと、秒速《びょうそく》3万《まん》mもの速《はや》さが必要《ひつよう》!! 秒速《びょうそく》3万《まん》mで飛《と》ぶサッカーボールは、あっという間《ま》に地球《ちきゅう》の大気圏《たいきけん》を飛《と》び出《だ》し、太陽系《たいようけい》をも飛《と》び出《だ》してしまう!!

でもその前《まえ》に、サッカーボール自体《じたい》の強度《きょうど》が低《ひく》いので、そんな速《はや》さで飛《と》んだら燃《も》え尽《つ》きてしまうだろうけど……。さらに音速《おんそく》を超《こ》えて物体《ぶったい》が移動《いどう》する時《とき》に起《お》きる衝撃波《しょうげきは》・

『名探偵《めいたんてい》コナン』
第《だい》2巻《かん》 FILE.1
『割《わり》のいい尾行《びこう》』より

オレが帝丹小学校《ていたんしょうがっこう》に通《かよ》い始《はじ》めた日《ひ》。博士《はかせ》にもらったキック力増強《りょくぞうきょう》シューズを体育《たいいく》の時間《じかん》に試《ため》してみたんだけど…蹴《け》ったサッカーボールが、校庭《こうてい》に生《は》えている大木《たいぼく》を倒《たお》しちゃったんだ!

ソニックブームで、校舎《こうしゃ》のガラスはすべて割《わ》れてしまう!? それと、サッカーボールを蹴《け》るコナンの足《あし》も音速《おんそく》を超《こ》えるはずだから……コナンもタダじゃすまない……!? でも、阿笠博士《あがさはかせ》の発明《はつめい》したとんでもないテクノロジーで、この現象《げんしょう》を可能《かのう》にしているのかも……阿笠博士《あがさはかせ》、恐《おそ》るべし!

FILE《ファイル》 7

強力《きょうりょく》！ネオジム磁石《じしゃく》!!

フェライト磁石《じしゃく》よりももっと強力《きょうりょく》な磁石《じしゃく》があった！その名《な》はネオジム磁石《じしゃく》！

今日《きょう》はみんなにネオジム磁石《じしゃく》をあげようと思《おも》ってな。
ネオジム磁石《じしゃく》!?
コナンくん、ネオジム磁石《じしゃく》って何《なに》?
ぽりぽり
いや……ぼくも知《し》らないなあ……。
ネオジム磁石《じしゃく》っていうのは、とっても強力《きょうりょく》な磁石《じしゃく》なのよ……。
哀《あい》ちゃん!
灰原《はいばら》……。

F7-2

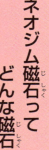

ネオジム磁石《じしゃく》ってどんな磁石《じしゃく》?

フェライト磁石《じしゃく》の原料《げんりょう》は酸化鉄《さんかてつ》だけど、ネオジム磁石《じしゃく》は希土類元素《きどるいげんそ》のネオジムというものを含《ふく》んでいるんだ。そして、現在《げんざい》売《う》られている磁石《じしゃく》の中《なか》では、最高《さいこう》の磁力《じりょく》と磁場《じば》を持《も》っているんだ。また、硬《かた》くて割《わ》れにくく、いろんな形《かたち》に加工《かこう》しやすいから、機械《きかい》の部品《ぶひん》にも適《てき》しているよ。

ネオジム磁石《じしゃく》にもいろんな形《かたち》があるんだなー。

F7-3

うむ。
哀《あい》くんの言《い》う通《とお》りじゃ。
じゃが、強力《きょうりょく》すぎるので指《ゆび》をはさんでしまったり……、

注意《ちゅうい》!!

ネオジム磁石同士《じしゃくどうし》が引《ひ》きよせ合《あ》ったり、鉄《てつ》を引《ひ》きよせたりするときの力《ちから》がとても強《つよ》いから、ぶつかったときに割《わ》れることもあってとても危険《きけん》なんじゃ!

それほど強力《きょうりょく》ってことか――。
危《あぶ》ないわね。気《き》をつけなきゃ!

そこでワシが考《かんが》え出《だ》したのが、このネオジム磁石《じしゃく》カードなのじゃ！
ジャーンッ
カードのすみにある丸《まる》いのがネオジム磁石《じしゃく》なのじゃぞ。
これなら磁石《じしゃく》がくっついてはなれないってこともなさそうだね！
それに、実験《じっけん》するときに持《も》ちやすいぞ！
おー！なるほど！
F7-4

市販《しはん》のネオジム磁石《じしゃく》をネオジム磁石《じしゃく》カードにしよう

用意《ようい》するもの

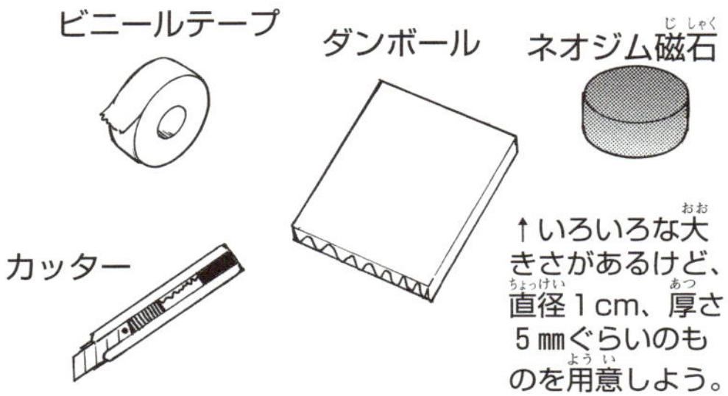

↑いろいろな大《おお》きさがあるけど、直径《ちょっけい》1cm、厚《あつ》さ5㎜ぐらいのものを用意《よう い》しよう。

① ダンボールをカードの大《おお》きさに切《き》る。

② ダンボールにネオジム磁石大《じしゃくだい》の穴《あな》をあける。

③ あけた穴《あな》にネオジム磁《じ》石《しゃく》をはめ込《こ》む。

④ ビニールテープで磁石《じしゃく》の表裏《おもてうら》をとめて完成《かんせい》！

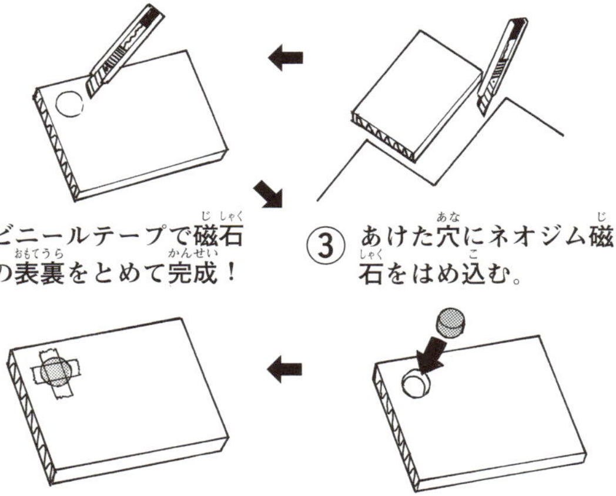

実験《じっけん》での使《つか》い方《かた》

ネオジム磁石《じしゃく》をはめ込《こ》んだのと反対側《はんたいがわ》の端《はし》を持《も》って、いろいろな実験《じっけん》をしよう。小《ちい》さい磁石《じしゃく》を手《て》で持《も》つと実験《じっけん》しづらいけど、これだとOK《オーケー》！

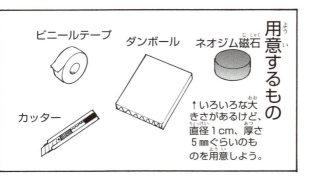

これがあれば、実験《じっけん》し放題《ほうだい》ですね！
さっそく実験《じっけん》しようぜ！
ん？
ぱっ
あれ？
ぱっ
あっ。
わっ。
ぱっ
ぱっ
♪
何《なに》するんだよ、博士《はかせ》〜〜〜！
おれたちにくれるんじゃないのかよ〜。
ぶー
F7-6
そう簡単《かんたん》にあげるわけにはいかんな。
ワシの出《だ》すクイズに、正解《せいかい》したらあげよう！
よーし、がんばるぞー！
おーーっ！
……単純《たんじゅん》だなー。

よーし、では問題《もんだい》じゃ！
次《つぎ》のもののうち、ネオジム磁石《じしゃく》に反応《はんのう》するのはどれじゃ？
シャープペンシルの芯《しん》
みんなが使《つか》っている芯《しん》。硬《かた》さはどれでもいいよ。
お札《さつ》
1000円札《えんさつ》、5000円札《えんさつ》、1万円札《まんえんさつ》、どれでもいいよ。
干《ほ》しぶどう
カリウム、カルシウム、鉄分《てつぶん》が豊富《ほうふ》で栄養満点《えいようまんてん》！
キュウリ
切《き》ったばかりの、みずみずしい新鮮《しんせん》なキュウリ！
ごませんべい
ビタミンB_1、カルシウム、鉄分《てつぶん》いっぱいのおいしいせんべい！
玄米《げんまい》シリアル
ミネラル入《い》りの健康的《けんこうてき》なシリアルなのだ。
F7-7
うーん、難《むずか》しいですね。
なんかどれもくっつきそうにないな……。
コナンくん、わかる？
シャープペンの芯《しん》は、黒鉛《こくえん》が含《ふく》まれるから反応《はんのう》しそうだけど……。

簡単《かんたん》じゃない。
ごまや干《ほ》しぶどうには鉄分《てつぶん》が含《ふく》まれてるし、玄米《げんまい》シリアルにも鉄分《てつぶん》が含《ふく》まれているものが多《おお》いわね……。
あと、水分《すいぶん》も多少《たしょう》は磁石《じしゃく》に反応《はんのう》するわ。
なるほど水《みず》もか……。
……となると、わからないのは一《ひと》つだけだ……。
あれは……、紙《かみ》とインク……。
……インクか!!
さすがのコナンくんにも少《すこ》し難《むずか》しかったかな?
いいや、わかったぜ!
答《こた》えは、すべてだ!!
ビッ
シュッ
え〜〜!?

F7-8

コナンと実験《じっけん》!

ネオジム磁石《じしゃく》で引《ひ》きよせろ!

ネオジム磁石《じしゃく》カードを使《つか》って、いろいろなものが反応《はんのう》するかどうかを調《しら》べよう!

用意《ようい》するもの

- ストロー
- ネオジム磁石《じしゃく》カード
- 針《はり》
- セロハンテープ
- カッター

実験《じっけん》するもの

お札《さつ》、キュウリ、玄米《げんまい》シリアル、シャープペンシルの芯《しん》、干《ほ》しぶどう、ごませんべいなど……。

それではさっそく実験《じっけん》じゃ!
まずはストローを用意《ようい》して……。

F7-9

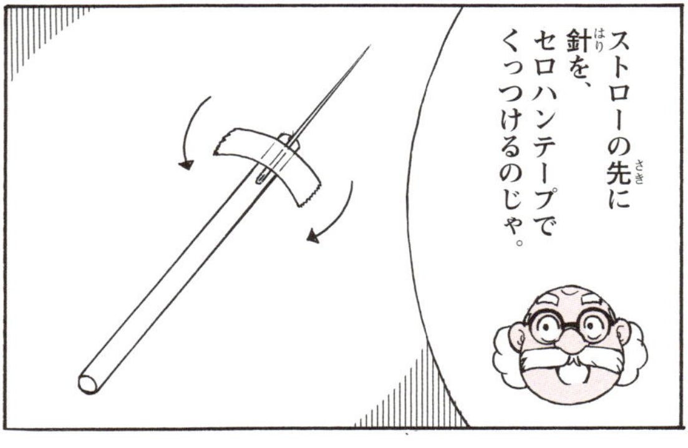

ストローの先《さき》に針《はり》を、セロハンテープでくっつけるのじゃ。

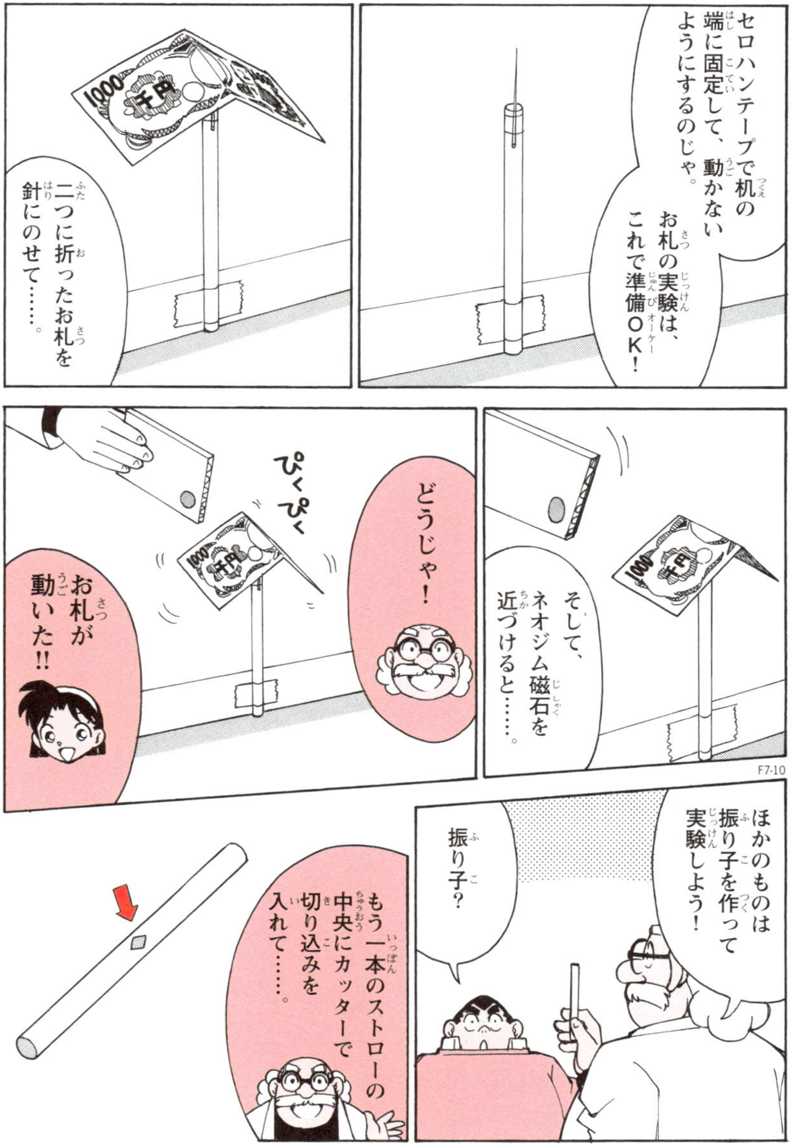
セロハンテープで机《つくえ》の端《はし》に固定《こてい》して、動《うご》かないようにするのじゃ。
お札《さつ》の実験《じっけん》は、これで準備《じゅんび》ＯＫ《オーケー》！
二《ふた》つに折《お》ったお札《さつ》を針《はり》にのせて……。
そして、ネオジム磁石《じしゃく》を近《ちか》づけると……。
どうじゃ！
ぴくぴく
お札《さつ》が動《うご》いた!!
ほかのものは振《ふ》り子《こ》を作《つく》って実験《じっけん》しよう！
振《ふ》り子《こ》？
もう一本《いっぽん》のストローの中央《ちゅうおう》にカッターで切《き》り込《こ》みを入《い》れて……。

F7-10

その両端《りょうはし》に、実験《じっけん》するものをさしこんだり、セロハンテープでくっつけたりするのじゃ！
左右《さゆう》が同《おな》じ重《おも》さになるように、調整《ちょうせい》もするんじゃぞ。
そしてさっきの針《はり》の上《うえ》にバランスをとって乗《の》せるんじゃ。
F7-11
そこへネオジム磁石《じしゃく》を近《ちか》づける！
あっ、反応《はんのう》してる!!
ぴくぴく
残《のこ》りはみんなでやってごらん。
ごませんべいなどの大《おお》きなものは、小《ちい》さくしてからつけるのがコツじゃ！
はーい！
そして――
お札《さつ》もキュウリも玄米《げんまい》シリアルもシャープペンの芯《しん》も……、
全《ぜん》部《ぶ》反《はん》応《のう》したぞ!!
ぴくぴく

うむ、正解《せいかい》じゃ!
約束《やくそく》通《どお》り、全員《ぜんいん》にネオジム磁石《じしゃく》カードをあげよう!!
わいわい
……あれ?
あいつら、それどころじゃないらしいぜ!
F7-12
じゃあ、今度《こんど》は何《なに》を使《つか》って実験《じっけん》してやろうかな?
トマトとか大根《だいこん》とかはどうでしょう?
消《け》しゴムはどうかな?
うむ、感心《かんしん》、感心《かんしん》!
みんなもいろんなもので実験《じっけん》してね!

磁力《じりょく》で酸素《さんそ》を引《ひ》きよせろ!

ネオジム磁石《じしゃく》を使《つか》うと、ビックリするようなものも引《ひ》きよせられるんだ!

用意《ようい》するもの

①シャボン液《えき》を作《つく》る

お皿《さら》に食器用洗剤《しょっきようせんざい》と水《みず》を入《い》れてかるくかきまぜ、シャボン液《えき》を作《つく》ろう。洗剤《せんざい》の量《りょう》は調整《ちょうせい》してね。

② 酸素ボンベの吹き出し口《だぐち》の先《さき》にシャボン液《えき》をつける

①で作《つく》ったシャボン液《えき》を、スプレー式酸素《しきさんそ》ボンベのふき出《だ》し口《ぐち》の先《さき》にちょっぴりつけよう。スプレー式酸素《しきさんそ》ボンベは、ふき出《だ》し口用《ぐちよう》のストローがついているものが使《つか》いやすいぞ。教材店《きょうざいてん》やスポーツ用品店《ようひんてん》などで、酸素《さんそ》ボンベは売《う》っているよ。

③ 酸素のシャボン玉を作《つく》ろう

シャボン液《えき》をつけたら、スプレー式酸素《しきさんそ》ボンベから酸素《さんそ》を出《だ》して、酸素《さんそ》のシャボン玉《だま》を作《つく》ろう。だいたい10㎝ぐらいの大《おお》きさのシャボン玉《だま》だと実験《じっけん》がしやすいぞ。うまくふくらまなかったら、もう一度《いちど》シャボン液《えき》をつけてふくらましてみよう。

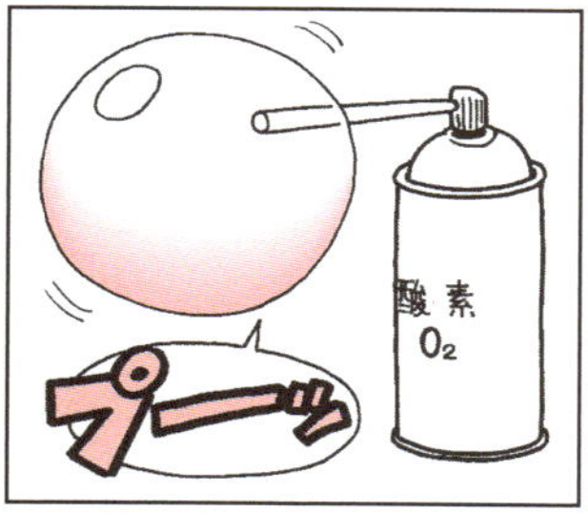

④ シャボン玉にネオジム磁石《じしゃく》カードを近《ちか》づけると…!?

酸素《さんそ》のシャボン玉《だま》に、ネオジム磁石《じしゃく》を近《ちか》づけてみよう。シャボン玉《だま》にネオジム磁石《じしゃく》を直接《ちょくせつ》つけないように注意《ちゅうい》して近《ちか》づけていくと、シャボン玉《だま》がネオジム磁石《じしゃく》に反応《はんのう》して引《ひ》きよせられるぞ。これは鉄《てつ》などだけではなく、酸素《さんそ》も磁石《じしゃく》に反応《はんのう》するからなんだ。強力《きょうりょく》なネオジム磁石《じしゃく》には、酸素《さんそ》ですら反応《はんのう》するんだね。

ネオジム磁石《じしゃく》カードをシャボン玉《だま》にくっつけないようにな！

FILE《ファイル》 8

サンルーム殺《さつ》人《じん》事《じ》件《けん》

前《ぜん》編《ぺん》 磁《じ》化《か》って何《なに》？

新《あたら》しく開園《かいえん》した米花植物《べいかしょくぶつ》園《えん》に出《で》かけるコナンたち。でも何《なに》か、事件《じけん》の予《よ》感《かん》がするぞ……。

F8-1

いいじゃない、お父《とう》さん……。
日曜日《にちようび》だし、せっかく新《あたら》しくできた植物園《しょくぶつえん》に招待《しょうたい》されたんだから！
ケチケチしなくていいじゃんか！
そうよ、そうよ。
……。
……ま、いいや。おまえら、おとなしくしてろよ！
俺《おれ》に恥《はじ》だけはかかせるなよ。
わかってるよ。ねー、みんな！
うんうん！

F8-2

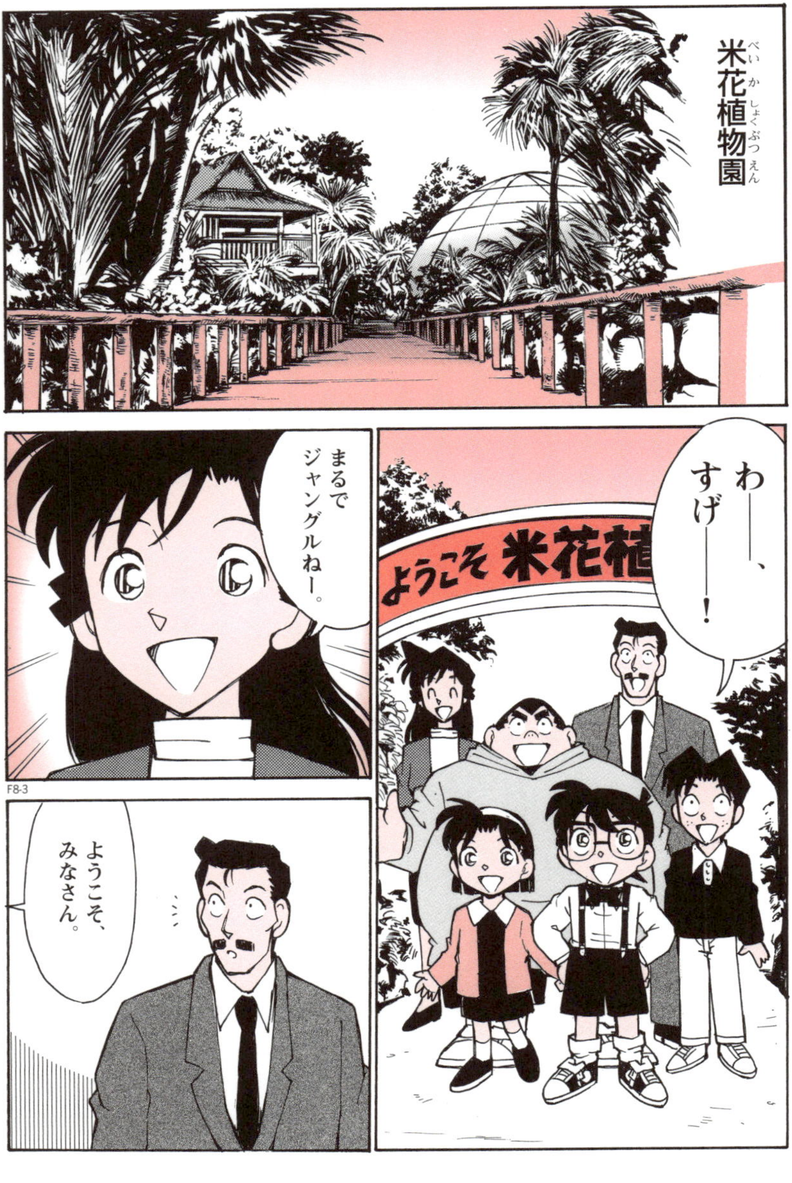
米《べい》花《か》植《しょく》物《ぶつ》園《えん》
わ——、すげ——!
ようこそ 米花植
まるでジャングルねー。
ようこそ、みなさん。

F8-3

あなたが名探偵《めいたんてい》の毛利小五郎《もうりこごろう》さんですね。ようこそおいでくださいました。
私《わたし》が園長《えんちょう》の津田《つた》です。
津田勝《つたまさる》
米花植物園園長《べいかしょくぶつえんえんちょう》
今日《きょう》はお招《まね》きにあずかりまして……。
おやっ、子《こ》どもたちもいっしょですか?
大人数《おおにんずう》ですいません。こいつら、ついてくるって言《い》って聞《き》かなくて……。
いやいや、けっこうけっこう。

F8-4

たくさんの子《こ》どもたちに見《み》てもらいたくて、この植物園《しょくぶつえん》を作《つく》ろうと思《おも》ったんですよ……。
ニコ
ニコ
だから、子《こ》どもたちは一番大切《いちばんたいせつ》なお客《きゃく》さんですよ！
園長《えんちょう》！
志田《しだ》くん。この子《こ》たちの案内《あんない》をよろしく頼《たの》むよ。
みんな、何《なに》かわからないことがあったら、
なんでも聞《き》いてね！
志田恵子《しだけいこ》
米花植物園《べいかしょくぶつえん》スタッフ

F8-5

は———いっ！
ほっ。
これでこいつらの相手《あいて》しなくてもすむな。
おや？園長《えんちょう》……。
そちらのお方《かた》は？
野史誠三《やしせいじ》
米花植物園《べいかしょくぶつえん》オーナー
オーナー！こちらはあの名探偵《めいたんてい》の……。
どうも。毛利小五郎《もうりこごろう》です。
これはこれは。今日《きょう》は楽《たの》しんでくださいね。
どうも。

F8-6

じゃ、私《わたし》たちはあっちから回《まわ》りましょう！
私《わたし》もいっしょに行《い》きま〜す！
それじゃ、お父《とう》さん、また後《あと》でね！
え？
F8-7
……ガキどもといっしょだとうるさくてイヤだけど、……一人《ひとり》もさびしい……。
？
ぽつーん

まだサンルームは準備中《じゅんびちゅう》だけど……、今日《きょう》は特別《とくべつ》にちょっと中《なか》を見《み》せちゃうわ!
やったーっ!
あれ?おかしいな。
どうしたんです、古家谷《こけや》さん。
あ、志田《しだ》さん!
いや、実《じつ》は……。
古家谷一雄《こけやかずお》
米花植物園《べいかしょくぶつえん》スタッフ
え〜〜〜!! サンルームのドアが開《あ》かないって!?
じゃあ、見《み》られないじゃ〜ん!

あれ？
ドアの向《む》こうに
何《なに》かあるぞ……!?
ハサミだ。
ハサミがはさまってるから
ドアが開《あ》かないんだ！
本当《ほんとう》だ。
なんでハサミ
なんかが？
誰《だれ》かが中《なか》にいて、
イタズラを
してるのか!?
F8-9

よーし、みんなどいて！
すすっ
えい！
ダンッ
ダッ
F8-10
キィ
よし、開《あ》いたぞ。
やった！
これで中《なか》が見《み》られる！
誰《だれ》かしら、こんなイタズラするの……。
誰《だれ》かいるのかな？

きゃああああ!!
なっ
なんだ!?
!?
野史《やし》さん!
野史《やし》さんが!!
……
死《し》んでる……。
えっ!!

なんだ！今《いま》の悲鳴《ひめい》は⁉
ダッ
どうしたのかね、志田《しだ》くん‼
お父《とう》さん、大変《たいへん》！サンルームに死体《したい》が‼
なんだって⁉ハサミでかんぬきがしてあったと……⁉
はい。
くそっ！
ガシャン
警察《けいさつ》に電話《でんわ》しなくちゃ！
コ、コラ。証拠品《しょうこひん》にはさわらないで！
サンルームの中《なか》にはほかに人《ひと》はいない……。
密室殺人《みっしつさつじん》というわけか‼

F8-12

ん? これは、もしや!!
元太《げんた》、ゼムクリップ持《も》ってるか?
ああ、あるよ。
ごそっ
ピタッ
やっぱりな! ハサミがはさんであったかんぬきが――、
磁《じ》化《か》されている!

F8-13

F8-14

磁石《じしゃく》で鉄《てつ》が磁化《じか》する？

鉄《てつ》に磁石《じしゃく》をくっつけると、磁石《じしゃく》をはなしてからも、鉄《てつ》はしばらく磁力《じりょく》を保《たも》っているんだ。その現象《げんしょう》を磁化《じか》と言《い》うんだよ。これは鉄《てつ》の小《ちい》さな粒《つぶ》一《ひと》つ一《ひと》つも磁石《じしゃく》で、その磁石《じしゃく》が同《おな》じ向《む》きを向《む》いて、そのままの状態《じょうたい》になっているから、起《お》きる現象《げんしょう》なんだ。

コナンと実験!

鉄《てつ》の釘《くぎ》が磁石《じしゃく》になる!?

どこにでもある鉄《てつ》の釘《くぎ》を使《つか》った簡単《かんたん》な実験《じっけん》で、磁化《じか》を体験《たいけん》しちゃおう!

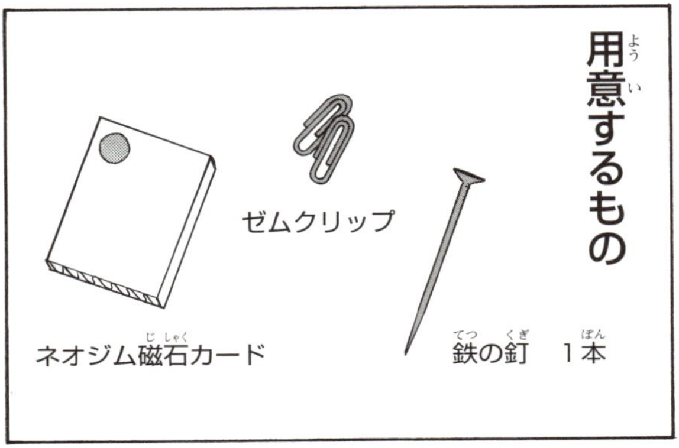
用意《ようい》するもの
ゼムクリップ
ネオジム磁石《じしゃく》カード
鉄《てつ》の釘《くぎ》 1本《ぽん》

ちょうどいいや。ここに落《お》ちてる釘《くぎ》を使《つか》おう。
すっ

F8-15

元太《げんた》、ネオジム磁石《じしゃく》カード持《も》ってるか!!
ああ。

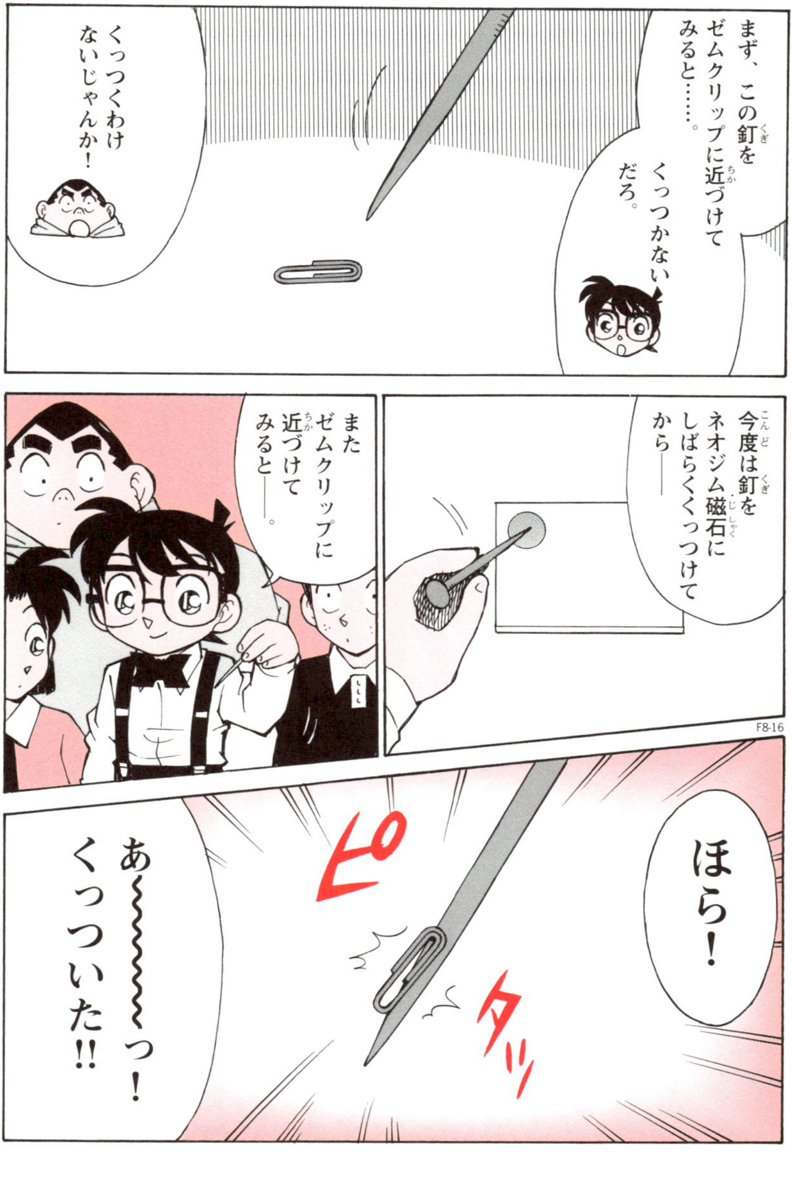
まず、この釘《くぎ》をゼムクリップに近《ちか》づけてみると……。
くっつかないだろ。
くっつくわけないじゃんか！
今度《こんど》は釘《くぎ》をネオジム磁石《じしゃく》にしばらくくっつけてから——
またゼムクリップに近《ちか》づけてみると——。
F8-16
ほら！
ピタッ
あ〜〜〜っ！くっついた!!

じゃあ、かんぬきが磁化《じか》されてたってことは……。
誰《だれ》かが磁石《じしゃく》を使《つか》ったということですね！
犯人《はんにん》は野史《やし》さんを殺《ころ》したあと、強力《きょうりょく》な磁石《じしゃく》を使《つか》ってハサミをかんぬき代《が》わりにして——、
密室《みっしつ》を作《つく》りあげたんだ！
でも……、いったい誰《だれ》が犯人《はんにん》なの？

F8-17

米花警察《べいかけいさつ》の目暮《めぐれ》です！
目暮警部《めぐれけいぶ》！
タッ
コナンくん！
なんだ、キミもいたのか。
びっ
はっ、警部殿《けいぶどの》！
……なるほど。犯人《はんにん》は磁石《じしゃく》を使《つか》って密室《みっしつ》を作《つく》りあげたというわけか。
キュ
うん！
——で、これがそのハサミか……。

F8-18

コナンくん、そのゼムクリップを貸《か》してくれんか。
はい！
すっ
シーーン
……
ハサミは磁化《じか》されていないようだな。
！
これは、どういうことだ!?
F8-19
警部殿《けいぶどの》、そんな子《こ》どもの言《い》うことなんか信《しん》じなくても……。
うむ、だが……。

FILE《ファイル》 9 につづく

めざせ！
磁石博士《じしゃくはかせ》

物語《ものがたり》に出《で》てくる磁石《じしゃく》②
ガリバー旅行記《りょこうき》

磁石《じしゃく》が登場《とうじょう》するお話《はなし》の二《ふた》つ目《め》は『ガリバー旅行記《りょこうき》』。みんなも知《し》ってるよね！

有名《ゆうめい》な物語《ものがたり》にだって、磁石《じしゃく》は登場《とうじょう》しているよ！

←飛《と》ぶ島《しま》・ラピュータを浮《う》かす巨大《きょだい》な天然磁石《てんねんじしゃく》。心棒《しんぼう》を軸《じく》に回《まわ》り、磁石《じしゃく》の大《おお》きさは約《やく》5.5mもあるらしいよ。

ガリバーが迷《まよ》い込《こ》んだ奇妙《きみょう》な国《くに》の一《ひと》つが、飛《と》ぶ島《しま》・ラピュータ。アニメ映画《えいが》の『天空《てんくう》の城《しろ》ラピュタ』のモデルにもなっているんだよ。

『ガリバー旅行記《りょこうき》』は、イギリス人《じん》のジョナサン・スウィフトによって1725年《ねん》に書《か》かれた物語《ものがたり》。第《だい》1部《ぶ》「小人《こびと》の国《くに》」、第《だい》2部《ぶ》「巨人《きょじん》の国《くに》」、第《だい》3部《ぶ》「飛《と》ぶ島《しま》」、第《だい》4部《ぶ》「馬《うま》の国《くに》」と、四《よっ》つのお話《はなし》に分《わ》かれていて、磁《じ》石《しゃく》が登場《とうじょう》するのは、もちろん第《だい》3部《ぶ》だよ。

巨人《きょじん》の国《くに》から帰《かえ》ってきたガリバーは、また船《ふね》に乗《の》りこみ、冒険《ぼうけん》へと旅立《たびだ》った。

でも、船《ふね》は海賊《かいぞく》に襲《おそ》われ、ガリバーは小舟《こぶね》で漂流《ひょうりゅう》することに……。そんなガリバーを発見《はっけん》したのが、飛《と》ぶ島《しま》・ラピュータの住民《じゅうみん》だったんだ！

巨大《きょだい》な島《しま》の中心《ちゅうしん》に磁石《じしゃく》があった！

ラピュータは、まさに飛《と》ぶ島《しま》。底《そこ》が平《たい》らで、ピカピカと海《うみ》から反射《はんしゃ》する光《ひかり》で輝《かがや》いている。島《しま》の中《なか》には、住民《じゅうみん》たちの住《す》む家《いえ》がたくさ

んあるし、貴族《きぞく》たちの住《す》む豪華《ごうか》な宮殿《きゅうでん》も建《た》っているんだ。立派《りっぱ》な島《しま》だよね。

↑底《そこ》は平《たい》らで、島《しま》の頂上《ちょうじょう》には宮殿《きゅうでん》もあるよ。

直径《ちょっけい》が約《やく》7㎞もある大《おお》きなラピュータがどうして浮《う》かんでいるのかというと、それは巨大《きょだい》な天然磁石《てんねんじしゃく》の力《ちから》なのだ！

天然磁石《てんねんじしゃく》は、島《しま》の中心部《ちゅうしんぶ》にあるほら穴《あな》の中《なか》にある。長《なが》さは約《やく》5・5ｍで、真《ま》ん中《なか》には硬《かた》い石《いし》でできた心棒《しんぼう》が通《とお》っている。心棒《しんぼう》は8本《ぼん》の足《あし》に支《ささ》えられた輪《わ》にはめ込《こ》まれ、天然磁石《てんねんじしゃく》は自由《じゆう》に回転《かいてん》できるようになっているよ。

そして、国王《こくおう》の指図《さしず》で天《てん》文学者《もんがくしゃ》がこの天然磁石《てんねんじしゃく》を動《うご》かすと、ラピュータは上下《じょうげ》したり、自由《じゆう》に動《うご》き回《まわ》ったりできるんだって。

こんな磁石《じしゃく》が本当《ほんとう》にあったらすごいよね!!

『名探偵《めいたんてい》コナン』の不思議《ふしぎ》をガリレオ工房《こうぼう》が解明《かいめい》！

名探偵《めいたんてい》コナン VS ガリレオ工房《こうぼう》 2

犯人追跡《はんにんついせき》メガネは実現可能《じつげんかのう》なの？

尾行《びこう》の時《とき》に大活躍《だいかつやく》するコナンの秘密《ひみつ》アイテム、犯人追跡《はんにんついせき》メガネについて分析《ぶんせき》だ！

阿笠博士《あがさはかせ》がコナンのために発明《はつめい》した犯人追跡《はんにんついせき》メガネ。このアイテムは現《げん》在《ざい》のテクノロジーで実現《じつげん》可能《かのう》なのだろうか？

まずはメガネのレンズ部分《ぶぶん》のディスプレイ。現在《げんざい》はヘッドマウントディスプレイという技術《ぎじゅつ》がある。メガネのような形《かたち》のヘッドマウントディスプレイを使《つか》えば、目《め》の前《まえ》いっぱいにゲーム画面《がめん》や映画《えいが》の画《が》面《めん》が広《ひろ》がるんだ。それと液晶技術《えきしょうぎじゅつ》を組《く》み合《あ》わせれば、普段《ふだん》はメガネのように透明《とうめい》なディスプレイも実現可能《じつげんかのう》かも！

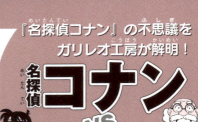

次《つぎ》に考《かんが》えたいのは犯人《はんにん》を追跡《ついせき》するレーダー。GPS《ジーピーエス》という、カーナビゲーションなどで使《つか》っているシステムを使《つか》えば、周《しゅう》囲《い》の地図《ちず》や方位《ほうい》、自分《じぶん》のいる場所《ばしょ》などを表示《ひょうじ》することは可能《かのう》だ。現在《げんざい》は150g《グラム》ほどの重《おも》さのハンディGPS《ジーピーエス》システムも発売《はつばい》されている！　もしかしたら、犯人追跡《はんにんついせき》メガネは実現可能《じつげんかのう》かもしれない!?

だが一番問題《いちばんもんだい》なのは…意外《いがい》や意外《いがい》、犯人《はんにん》に取《と》りつける発信器《はっしんき》だった!! 発信器《はっしんき》が電波《でんぱ》を発《はっ》するためには、ある程度《ていど》の大《おお》きさが必要《ひつよう》。現在《げんざい》の技術《ぎじゅつ》では、こんな磁気治療器《じきちりょうき》ぐらいの大《おお》きさは不可能《ふかのう》なんだ。さらに20km先《さき》の

発信器《はっしんき》の電波《でんぱ》を受《う》け取《と》るためには、最低《さいてい》でもBS《ビーエス》アンテナぐらいの大《おお》きさのアンテナは必要《ひつよう》なはず……この程度《ていど》の大《おお》きさでは絶対《ぜったい》に無理《むり》なのだ。

もうちょっと技術《ぎじゅつ》が進《すす》めば、もしかしたら可能《かのう》になるかもね!?

『名探偵《めいたんてい》コナン』
第《だい》2巻《かん》　FILE.5
『かわいそうな少女《しょうじょ》』より

阿笠博士《あがさはかせ》がオレのために、捜査《そうさ》に役立《やくだ》つアイテムを作《つく》ってくれた。それが犯人追跡《はんにんついせき》メガネ。毛利《もうり》探偵事務所《たんていじむしょ》への依頼人《いらいにん》の時計《とけい》に、発信器《はっしんき》を偶然付《ぐうぜんつ》けてしまったため、事件《じけん》が解決《かいけつ》できたんだ。

FILE《ファイル》 9

サンルーム殺《さつ》人《じん》事《じ》件《けん》

後《こう》編《へん》 磁《じ》力《りょく》が消《き》える！

米《べい》花《か》植《しょく》物《ぶつ》園《えん》のサンルームで起《お》きた殺《さつ》人《じん》事《じ》件《けん》の犯《はん》人《にん》は誰《だれ》だ!?

磁《じ》石《しゃく》でハサミをかんぬきに……。
だが、ハサミは磁《じ》化《か》されていない。

F9-1

きっと磁《じ》力《りょく》が消《け》されたんだよ！

磁力《じりょく》を消《け》す？
？それ、どうやってやるんだよ？
F9-2
コナンくん！そんなことができるのかい!?
うん。じゃ、さっそく……、
実験《じっけん》だ～！

コナンと実験《じっけん》！

磁化《じか》された釘《くぎ》の磁力《じりょく》を消《け》せ！

磁石《じしゃく》で磁化《じか》された釘《くぎ》の、磁《じ》力《りょく》を消《け》す方法《ほうほう》があるよ。

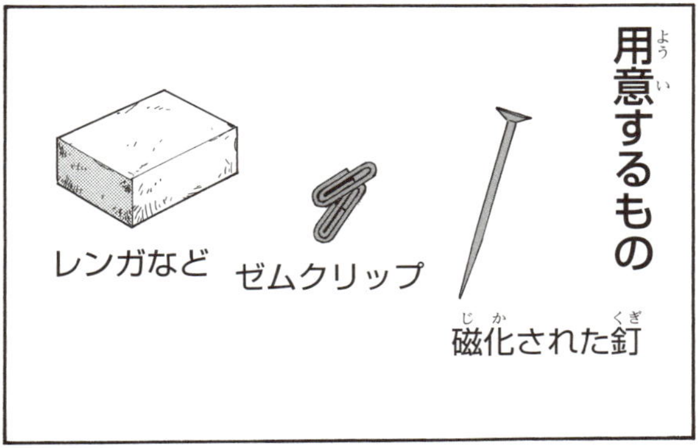
用意《ようい》するもの
磁化《じか》された釘《くぎ》
ゼムクリップ
レンガなど

さっき磁化《じか》した釘《くぎ》を使《つか》おう。

F9-3

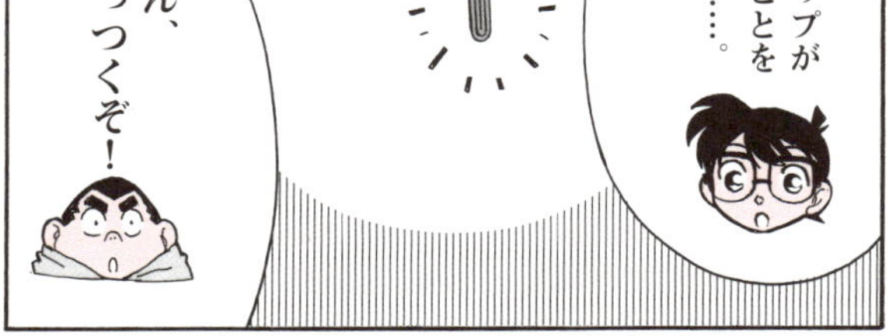
ゼムクリップがくっつくことを確認《かくにん》して……。
うん、くっつくぞ！

F9-4

たたきつける!!
ガンッ
F9-5
!?
レンガじゃなくても、コンクリートやアスファルトの地面《じめん》でやってもいいいんだ!

F9-6

どうして磁力《じりょく》が消《け》されるの？

磁化《じか》された鉄《てつ》は、小《ちい》さな磁石《じしゃく》の磁極《じきょく》がそろい、同《おな》じ方向《ほうこう》を向《む》いている、ということはファイル8で説明《せつめい》したよね。その鉄《てつ》に衝撃《しょうげき》を与《あた》えると、衝撃《しょうげき》によって小《ちい》さな磁石《じしゃく》の並《なら》び方《かた》がバラバラになってしまうんだ。だから、磁力《じりょく》が消《け》されるというわけ。一度《いちど》の衝撃《しょうげき》で磁力《じりょく》が消《き》えなかったら、何度《なんど》も衝撃《しょうげき》を与《あた》えてみよう。

なんだ、おまえら！
磁化《じか》だかなんだか知《し》らないけど、そんな磁石《じしゃく》で密室《みっしつ》なんか——。
シャッ
プシュ
チクッ
できるわけねーだ……。
F9-7
……ろ……。
くらっ

フラフラッ
おいっ、どうした、毛利君《もうりくん》！
トン
サッ
これで、わかりました。犯人《はんにん》が
ざわっ
毛利君《もうりくん》！
それは本当《ほんとう》か!!

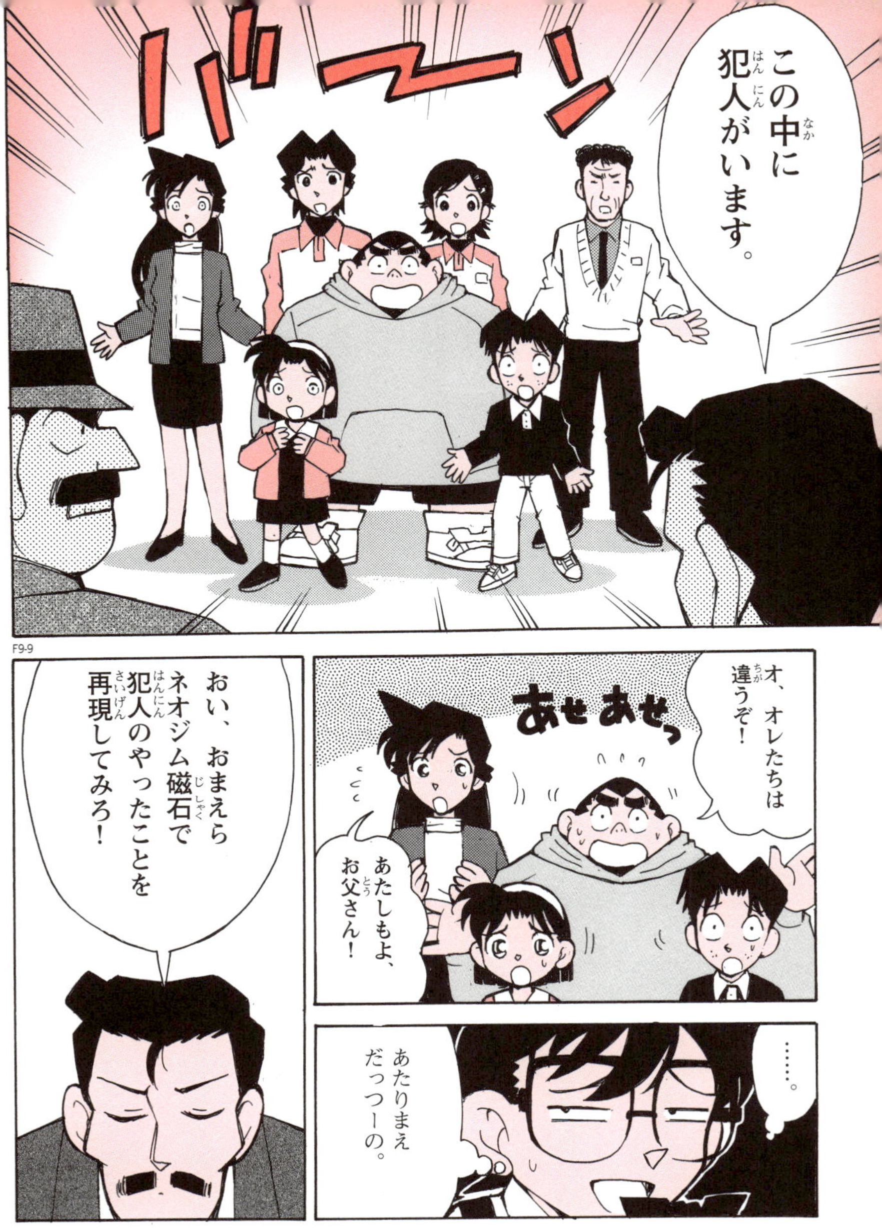

バーーン
この中《なか》に犯人《はんにん にん》がいます。
オ、オレたちは違《ちが》うぞ！
あせあせっ
あたしもよ、お父《とう》さん！
おい、おまえらネオジム磁石《じしゃく》で犯人《はんにん》のやったことを再現《さいげん》してみろ！
……。
あたりまえだっつーの。

F9-9

OK《オーケー》!
わかったよ、おっちゃん!
みんな、ネオジム磁石《じしゃく》カードを出《だ》してくれ。
!
ばっ
ネオジム磁石《じしゃく》をこうやって重《かさ》ねると磁力《じりょく》が強《つよ》くなるんだ!
これならドアごしにハサミを動《うご》かせるはず!

F9-10

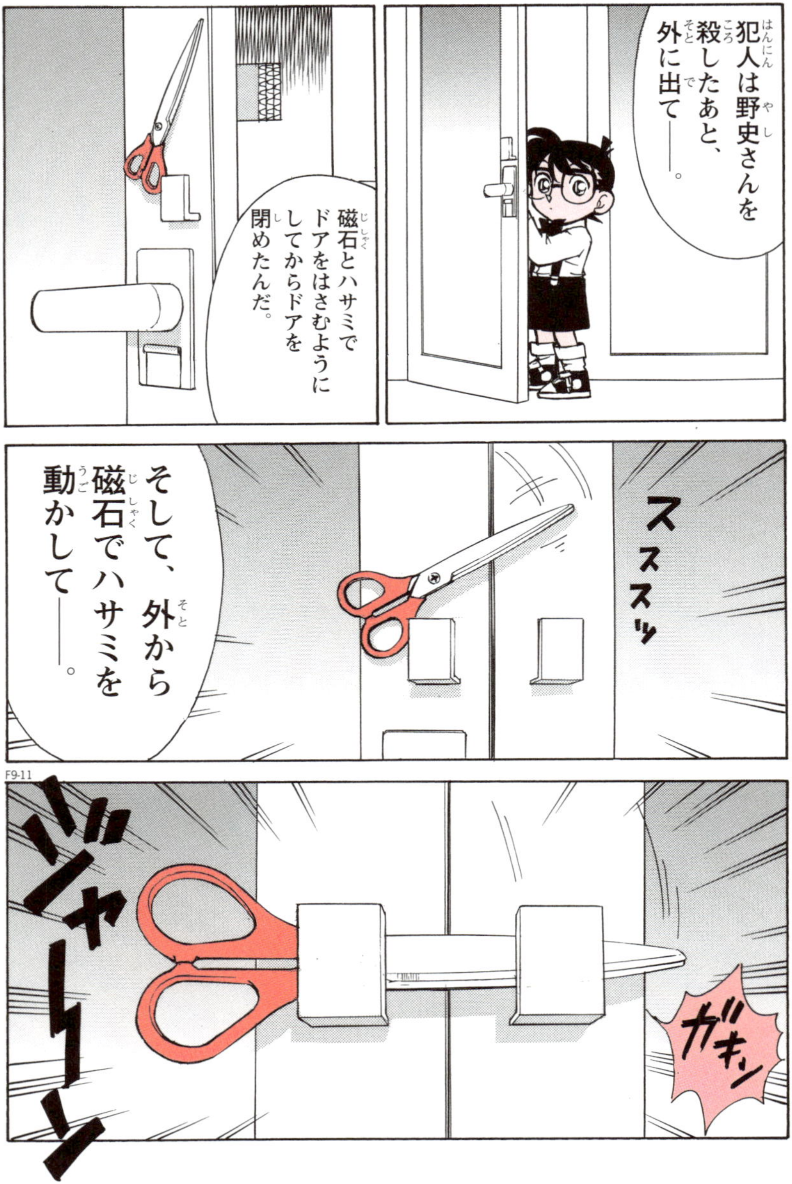
犯人《はんにん》は野史《やし》さんを殺《ころ》したあと、外《そと》に出《で》て――。
磁石《じしゃく》とハサミでドアをはさむようにしてからドアを閉《し》めたんだ。
スススッ
そして、外《そと》から磁石《じしゃく》でハサミを動《うご》かして――。
ガギン
ジャーン

なんと!! 本当《ほんとう》に密室《みっしつ》ができた!!
にこっ
おーっ! すっげ〜!!
だが、これだけでは
犯人《はんにん》は——。
警部《けいぶ》、まだ続《つづ》きがあるんです。
F9-12
まず、そのハサミをゼムクリップに近《ちか》づけてみてください。

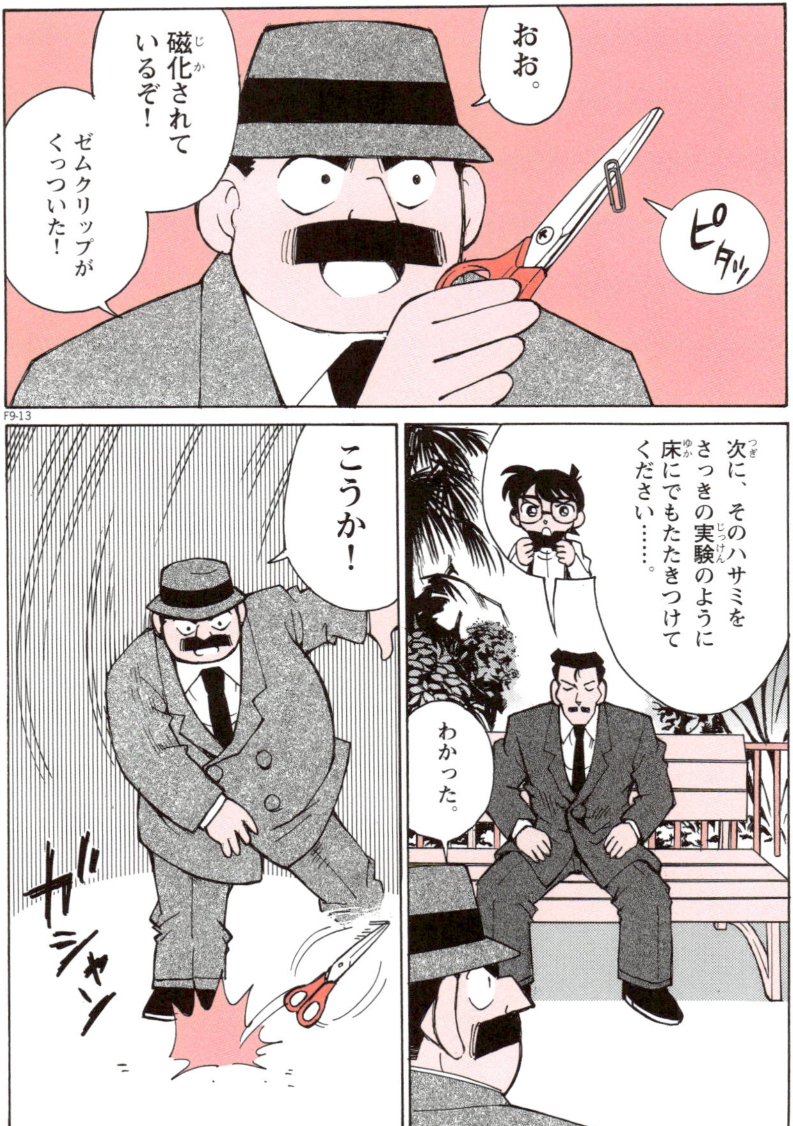
ピタッ
おお。
磁化《じか》されているぞ！
ゼムクリップがくっついた！
F9-13
次《つぎ》に、そのハサミをさっきの実験《じっけん》のように床《ゆか》にでもたたきつけてください……。
わかった。
こうか！
ガシャン

そのあと、ゼムクリップは……。
おお、くっつかない。
……そうです。
今《いま》、警部《けいぶ》がやったのと同《おな》じことをした人物《じんぶつ》がいます。

F9-14

……はい。
悪《わる》いことはできないようですね。
園長《えんちょう》……。
どうしてこんなことを?
F9-15
どうしても、
どうしても野史《やし》が許《ゆる》せなかったんです。
私《わたし》は子《こ》どもたちのためにこの植物園《しょくぶつえん》を作《つく》ったと思《おも》っていたのに……。
野史《やし》は金《かね》もうけのことばかり考《かんが》えていて……。
つい手《て》を出《だ》してしまい、野史《やし》は当《あ》たりどころが悪《わる》かったらしく……。

津田《つた》の部屋《へや》から超強力《ちょうきょうりょく》なネオジム磁石《じしゃく》が発見《はっけん》されました!
うむ。
事件解決《じけんかいけつ》だ。お手柄《てがら》だったな、毛利君《もうりくん》。
ぱちっ
ん?
へっ!?
さあ、行《い》くか。
あの、ちょっとだけいいですか?
みんな……、私《わたし》のせいで科学《かがく》をキライにならんでくれ。科学《かがく》はすばらしい……。
だが、
それも使《つか》う人間《にんげん》によって善《ぜん》にも悪《あく》にもなる。
キミたちは私《わたし》のようにならんでくれよ……。

F9-16

それにしても、おじさんすご〜い！
さすが〝眠《ねむ》りの小五郎《こごろう》〟よね。
そうだなぁ。名探偵《めいたんてい》は科学《かがく》にも詳《くわ》しいんだな！
磁化《じか》についても知《し》ってたんですもんね！

F9-17

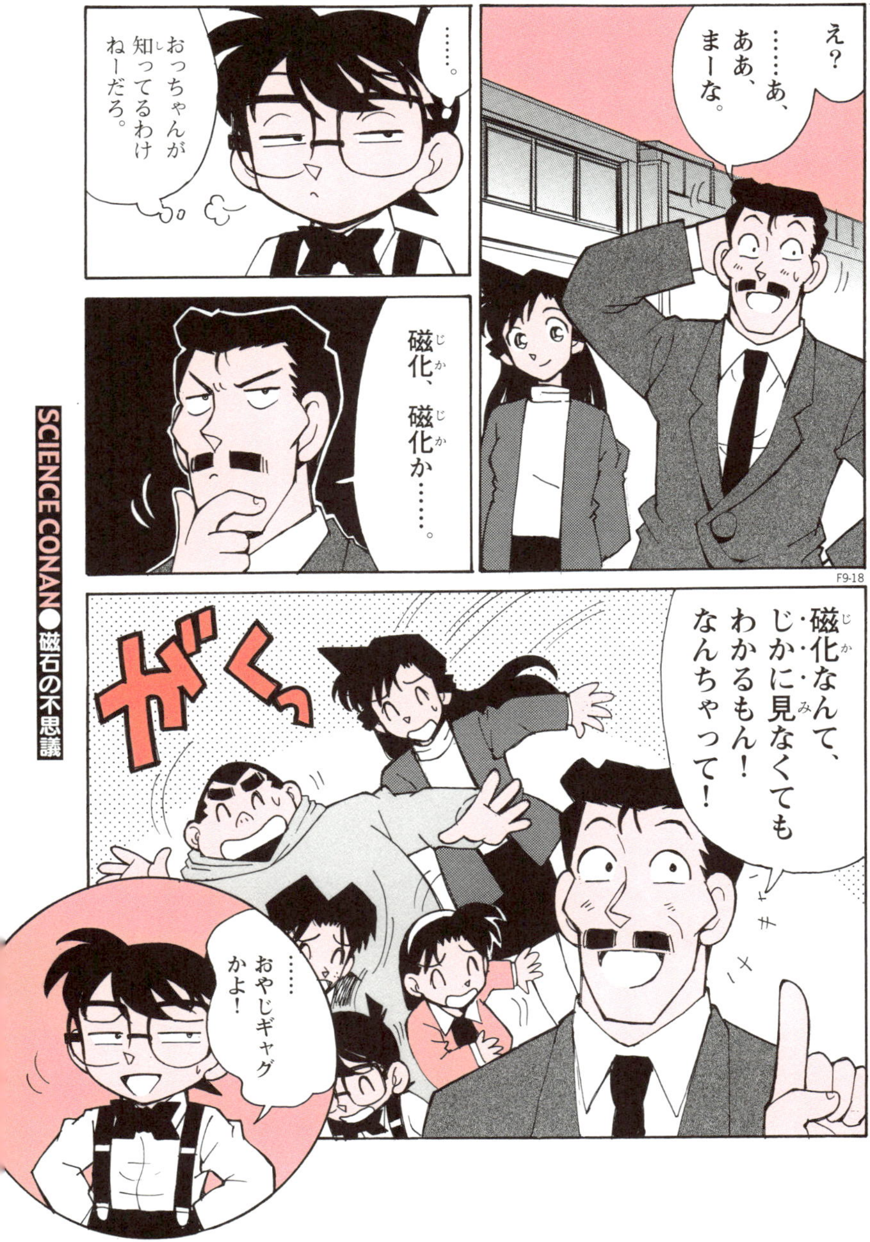
え？……あ、ああ、まーな。
……。
おっちゃんが知《し》ってるわけねーだろ。
磁化《じか》、磁化《じか》か……。
磁化《じか》なんて、じ・か・に見《み》なくてもわかるもん！なんちゃって！
がくっ
……おやじギャグかよ！

F9-18

キミも実験《じっけん》!

ゼムクリップが落下《らっか》する不思議《ふしぎ》!?

磁化《じか》した物体《ぶったい》の磁力《じりょく》を消《け》すには、衝撃《しょうげき》を与《あた》える以外《いがい》にも方法《ほうほう》があるよ!

用意《ようい》するもの

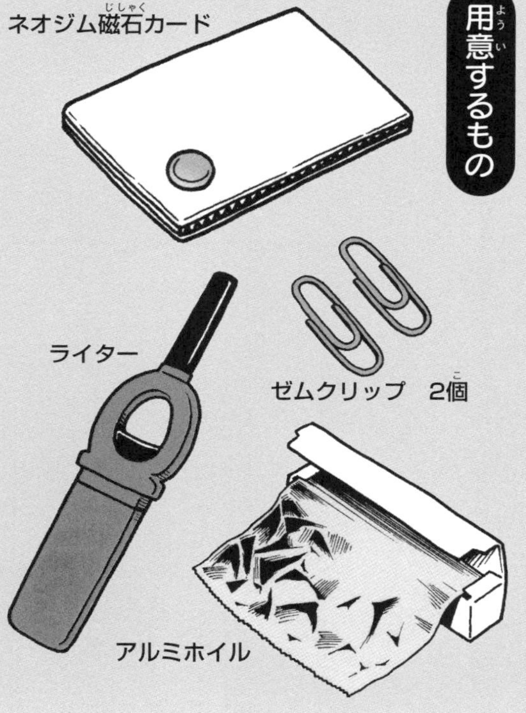

① ゼムクリップ1個《こ》を図《ず》のようにのばす

ゼムクリップを1個《こ》だけ、左《ひだり》の図《ず》のようにのばそう。のばしづらかったら、ラジオペンチなどを使《つか》おうね。

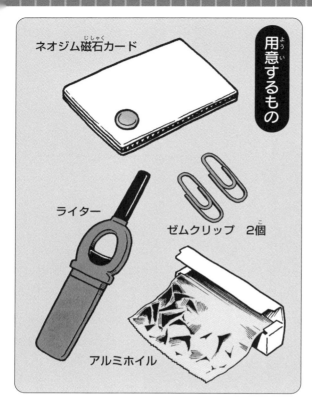

②そのゼムクリップを磁石《じしゃく》につける

①でのばしたゼムクリップを、ネオジム磁石《じしゃく》にくっつけよう。図《ず》のように、のばした部分《ぶぶん》が外《そと》に出《で》るようにくっつけるんだ。ネオジム磁石《じしゃく》にくっつけることによって、磁《じ》石《しゃく》の磁力《じりょく》でゼムクリップが磁化《じか》された状態《じょうたい》になるよ。ちょうどファイル8での、釘《くぎ》と同《おな》じような状態《じょうたい》になっているんだね。

③先端《せんたん》にもう1個《こ》ゼムクリップをつける

磁化《じか》されたゼムクリップの、のばした先端《せんたん》に、もう1個《こ》のゼムクリップをつけよう。のばしたゼムクリップは磁化《じか》されているから、もう1個《こ》のゼムクリップを引《ひ》きよせて、簡単《かんたん》にくっつくよ。左《ひだり》の図《ず》のように、先端《せんたん》にゼムクリップをつけることが、この実験《じっけん》を成功《せいこう》させるポイントだよ。

④ゼムクリップをライターで熱《ねっ》する

下《した》にアルミホイルをしいてから、ちょうどゼムクリップ同士《どうし》が接《せっ》している部分《ぶぶん》を、ライターの炎《ほのお》で熱《ねっ》するんだ。普通《ふつう》のライターではなく、持《も》ちやすいものを使《つか》おう。

炎《ほのお》を使《つか》う実験《じっけん》だから、大人《おとな》といっしょにやるようにね！

⑤ゼムクリップがポトッと落《お》ちる

ゼムクリップが赤《あか》くなるぐらいまで熱《ねっ》すると、くっついていたゼムクリップが落《お》ちるぞ。磁化《じか》されて整列《せいれつ》していたゼムクリップの小《ちい》さな磁石《じしゃく》の粒《つぶ》が、熱《ねっ》によってバラバラな方向《ほうこう》を向《む》くからなんだ。

FILE《ファイル》 10

地球《ちきゅう》は大《おお》きな磁石《じしゃく》

阿笠博士《あがさはかせ》に呼《よ》び出《だ》されたコナンと少年《しょうねん》探偵団《たんていだん》。いよいよ磁石《じしゃく》についての最後《さいご》の質問《しつもん》が！

ところで、今日《きょう》はなんなんだ？
また何《なに》か、たくらんでるんじゃねーの？
二人《ふたり》で何《なに》を話《はな》してるんだ？
おー、みんなそろったな。
今日《きょう》はみんなに、磁石《じしゃく》に関《かん》する最後《さいご》の問題《もんだい》を出《だ》すぞ！
さて、答《こた》えられるかな？
F10-2
地球《ちきゅう》で一番大《いちばんおお》きな磁石《じしゃく》とは、いったいなんじゃ？

地球《ちきゅう》で一番《いちばん》大《おお》きな磁石《じしゃく》!?
小《ちい》さな磁石《じしゃく》は、ここにあるんだけどなー。
う～ん、冷蔵庫《れいぞうこ》のトビラの磁石《じしゃく》かな? スピーカーの磁石《じしゃく》かな?
強力《きょうりょく》なのは、ネオジム磁石《じしゃく》ですけど……。
わからんかなー?
これまで教《おし》えたことの中《なか》に、ヒントがあるんじゃがの。

F10-3

これまで学《まな》んだことか……。
磁石《じしゃく》の反発《はんぱつ》に……。
磁力線《じりょくせん》だろ……。
あとは方位磁石《ほういじしゃく》……。
方位磁石《ほういじしゃく》に、ヒントがあるんじゃない？
そうか！
方位磁石《ほういじしゃく》がなぜ北《きた》を向《む》くのか、その理由《りゆう》を考《かんが》えればいいんだ!!
F10-4
わいわい
あーだ　こーだ
わかったぞ！
答《こた》えは──。

ばっ
もしかして、地《ち》球《きゅう》〜〜〜〜!?
おっと!
おお!
正解《せいかい》じゃ!
三人《さんにん》ともすごいじゃない。
磁石《じしゃく》については完《かん》ぺきかもね!
……オレもそう言《い》おうとしてたのに……。

地球《ちきゅう》は大《おお》きな磁石《じしゃく》だ!

方位《ほうい》磁石《じしゃく》のN極《エヌきょく》が北《きた》を指《さ》し、S極《エスきょく》が南《みなみ》を指《さ》す理由《りゆう》は、地球《ちきゅう》の内部《ないぶ》から磁力線《じりょくせん》が出《で》ているからと考《かんが》えられているよ。つまり、地球《ちきゅう》の内《ない》部《ぶ》に北《きた》がS極《エスきょく》で南《みなみ》がN極《エヌきょく》の大《おお》きな磁石《じしゃく》があるようなものなんだ。地球《ちきゅう》から出《で》ている磁力線《じりょくせん》は、地磁気《ちじき》と言《い》われているよ。

どうして磁力線《じりょくせん》が出《で》ているのかについては、いろいろな説《せつ》があるんだ。ある説《せつ》では、地球《ちきゅう》の中心《ちゅうしん》にある、鉄《てつ》などでできている核《かく》が回転《かいてん》して、電流《でんりゅう》が流《なが》れ、電磁石《でんじしゃく》となることによって磁力《じりょく》を発生《はっせい》させているのではないかと言《い》われているよ。

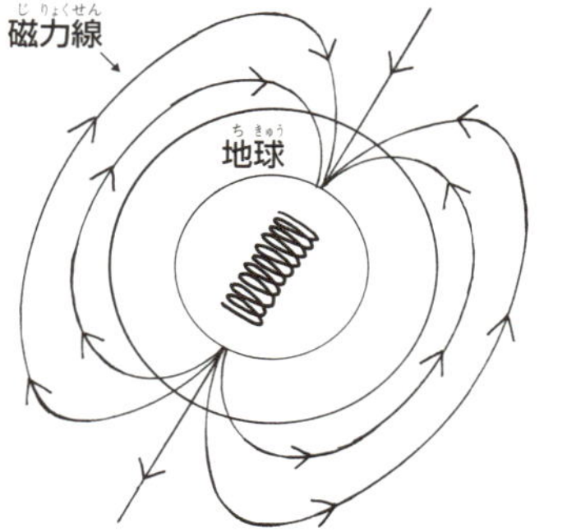
磁力線《じりょくせん》
地球《ちきゅう》

方位《ほうい》磁石《じしゃく》が北《きた》を向《む》くのは、地球《ちきゅう》から磁力線《じりょくせん》が出《で》ているからなんですね!
そうそう!
……でもよ、
地面《じめん》を見《み》ても磁力線《じりょくせん》が出《で》ているかわからないよなー。
F10-6
よし! それなら実験《じっけん》、実験《じっけん》!!
河原《かわら》へ行《い》こう!!

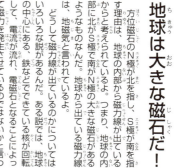

コナンと実験《じっけん》！

探《さが》そう！ 天然《てんねん》の磁石《じしゃく》

人工《じんこう》の磁石《じしゃく》ではなく、天然《てんねん》の磁石《じしゃく》を、河原《かわら》に行《い》って、みんなも探《さが》してみよう！

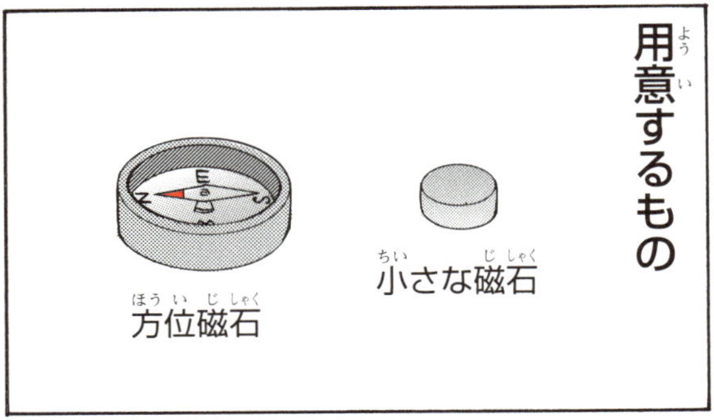
用意《ようい》するもの
小《ちい》さな磁石《じしゃく》
方位磁石《ほういじしゃく》

手《て》ごろな大《おお》きさの石《いし》は、見《み》つかったかの？
うん！

F10-7

じゃあ、石《いし》に小《ちい》さな磁石《じしゃく》をのせてナナメにしてみてくれ。

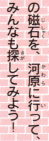

ずり落《お》ちちゃいますよ。
あっ、オレのはナナメにしても落《お》ちないぞ。
ズル
次《つぎ》は、ナナメにしても磁石《じしゃく》が落《お》ちなかった石《いし》に、
方位磁石《ほういじしゃく》を近《ちか》づけるんじゃ。
ピクピク
あっ！
方位磁石《ほういじしゃく》が動《うご》いた！
でも……、どうして動《うご》くんだ!?
その石《いし》に磁力《じりょく》があるということなんじゃ。
ずーっと昔《むかし》、
そうじゃな、もしかしたら何億年《なんおくねん》も前《まえ》に、地球《ちきゅう》の磁力《じりょく》によって磁化《じか》したのかもしれんぞ。
何《なん》億《おく》年《ねん》も前《まえ》!?

F10-8

磁力《じりょく》のある石《いし》、そして地磁気《ちじき》の生命《せいめい》への影響《えいきょう》!?

河原《かわら》などの石《いし》の多《おお》くは、地底《ちてい》から噴《ふ》き出《だ》したマグマが冷《ひ》えて固《かた》まったものなんだ。磁力《じりょく》を持《も》った岩石《がんせき》の正体《しょうたい》は、冷《ひ》えて固《かた》まるときに、地磁気《ちじき》の影響《えいきょう》を受《う》け、岩石《がんせき》に含《ふく》まれる磁鉄鉱《じてっこう》など磁石《じしゃく》の性質《せいしつ》を持《も》ったものが、南北《なんぼく》の方向《ほうこう》に整列《せいれつ》したのだと考《かんが》えられているよ。古《ふる》い岩石《がんせき》の層《そう》にある磁力《じりょく》を持《も》った岩石《がんせき》を調《しら》べた結果《けっか》、地球《ちきゅう》の長《なが》い歴史《れきし》の中《なか》には、現在《げんざい》とは地磁気《ちじき》の方向《ほうこう》が逆《ぎゃく》だった時代《じだい》があることもわかったんだ。

さらに地磁気《ちじき》は、宇宙《うちゅう》から降《ふ》り注《そそ》ぐ生命《せいめい》に害《がい》がある陽子《ようし》や電子《でんし》を、地表《ちひょう》に直接《ちょくせつ》降《ふ》り注《そそ》がないようにしているんだ。そして、生命《せいめい》が誕生《たんじょう》したと言《い》われている約《やく》37億年前《おくねんまえ》の先《せん》カンブリア紀《き》の地磁気《ちじき》は、現在《げんざい》よりも非常《ひじょう》に強力《きょうりょく》だったんだって。もし、先《せん》カンブリア紀《き》の地磁気《ちじき》がなかったら、地球上《ちきゅうじょう》に生命《せいめい》が誕生《たんじょう》しなかったかもしれないね!?

すっげ〜!!
地球《ちきゅう》に磁力《じりょく》があるからこの石《いし》もあるし、オレたちもいるんだな。
他《ほか》にも、地磁気《ちじき》はこんなことも起《お》こすのじゃ!

美《うつく》しいオーロラは地磁気《ちじき》でできる!

太陽《たいよう》から飛《と》んでくる、電気《でんき》を帯《お》びた陽子《ようし》や電子《でんし》の小《ちい》さな粒《つぶ》。その小《ちい》さな粒《つぶ》は、地磁気《ちじき》につかまえられて、磁力線《じりょくせん》にそって北極《ほっきょく》や南極《なんきょく》に降《ふ》り注《そそ》ぐんだ。陽子《ようし》や電子《でんし》が大気《たいき》にぶつかることで、大気中《たいきちゅう》の酸素《さんそ》や窒素《ちっそ》が光《ひか》る現象《げんしょう》、それがオーロラだよ!

F10-9

オーロラも地磁気《ちじき》の影響《えいきょう》だったんだ!

渡《わた》り鳥《どり》なんかも地磁気《ちじき》がないと、方角《ほうがく》がわからないらしいわ。
え？ホント!?

渡《わた》り鳥《どり》が迷《まよ》わず目的地《もくてきち》に着《つ》けるのは？

さまざまな生命体《せいめいたい》の中《なか》には、体内《たいない》に生《せい》体磁石《たいじしゃく》を持《も》っているものがいるんだ。渡《わた》り鳥《どり》やハトなどの生体磁石《せいたいじしゃく》はとても強《つよ》くて、そのおかげで地磁気《ちじき》を感知《かんち》して、方《ほう》角《がく》がわかると考《かんが》えられているよ。だから、目的地《もくてきち》に迷《まよ》わず着《つ》けるんだね。人工的《じんこうてき》に地磁気《ちじき》を乱《みだ》すと、ハトも迷《まよ》ってしまうことがわかっているよ！

N
へー。体《からだ》の中《なか》に方位磁石《ほういじしゃく》があるんだね！

F10-10

渡《わた》り鳥《どり》やハト以外《いがい》にも、シャケやミツバチなども生体磁石《せいたいじしゃく》を持《も》っているのじゃ！
へ〜〜〜〜！すご〜い!!

サイエンス……科学《かがく》を
学《まな》ぶことはすなわち、
地球上《ちきゅうじょう》のすべてのことを
知《し》るということなのじゃ!
いろんなことを知《し》りたい
という好奇心《こうきしん》が、
科学《かがく》の探究《たんきゅう》には
とても大事《だいじ》なのじゃよ!!

わくわくっ
博士《はかせ》〜！磁石《じしゃく》の次《つぎ》は、何《なに》を教《おし》えてくれるんだ⁉
待《ま》ちきれないぜ〜！
バーロー、そんなもん、自分《じぶん》で探《さが》すんだよ！
ははは
そーよ、そーよ！
そうだよな。
よーし！次《つぎ》の不思議《ふしぎ》をみんなで見《み》つけようぜ！
お――――!!

F10-12

コナンに挑戦《ちょうせん》！

ゼムクリップを何個《なんこ》つけられる？

強力《きょうりょく》なネオジム磁石《じしゃく》に、キミはいったい何個《なんこ》のゼムクリップをつけることができるかな？　挑戦《ちょうせん》してみよう。

用意《ようい》するもの

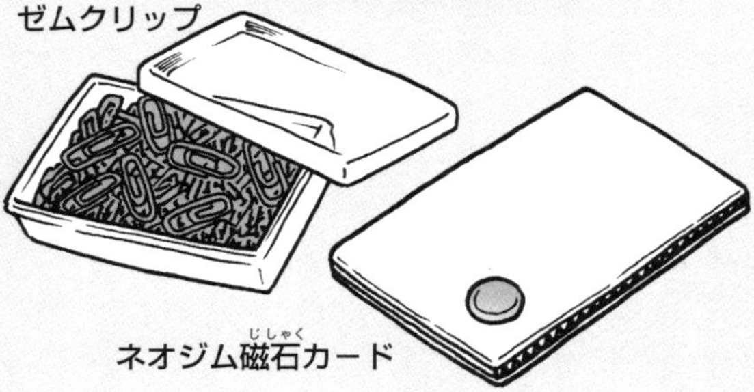

1　とにかくゼムクリップをたくさんつけよう

ネオジム磁石《じしゃく》に、ゼムクリップをできる限《かぎ》りたくさんつけてみよう。どうやったらたくさんつくかな。

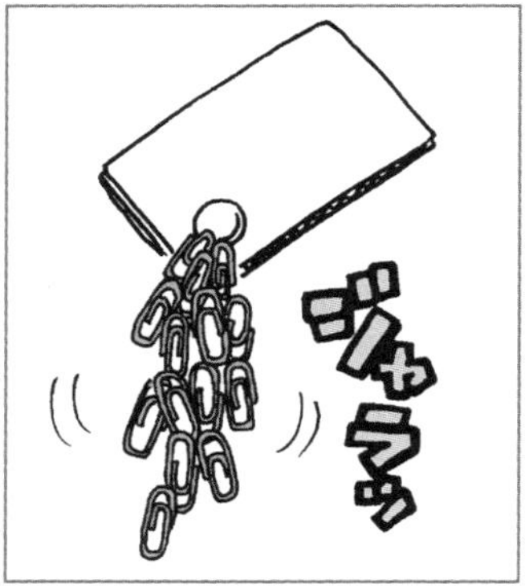

ただし、ゼムクリップ同士《どうし》をつないだり、セロハンテープなど、ほかの道具《どうぐ》を使《つか》ってはダメだよ。もちろん、ネオジム磁石《じしゃく》の大《おお》きさや強《つよ》さによって、磁力《じりょく》が変《か》わるから、友《とも》だちといっしょにチャレンジするときは、同《おな》じ磁石《じしゃく》を使《つか》うようにしよう。どの磁石《じしゃく》を使《つか》って、ゼムクリップを何個《なんこ》つけられたかを、ちゃんと記録《きろく》しておくといいぞ。

2 ゼムクリップが何個《なんこ》ついたか数《かぞ》えてみよう！

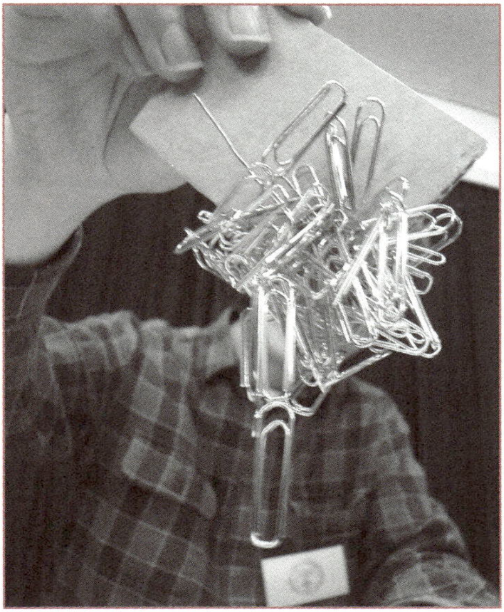

ゼムクリップがこれ以上《いじょう》つけられない、と思《おも》ったなら、ゼムクリップが何個《なんこ》ついたかを数《かぞ》えてみよう。何度《なんど》も挑《ちょう》戦《せん》して、自分《じぶん》の記録《きろく》をメモしておこうね。友《とも》だちといっしょに、だれがたくさんつけられるかを競争《きょうそう》してみてもいいぞ！

53ページの答《こた》え

浮《う》いた磁石《じしゃく》を指《ゆび》でおしてみると重《おも》さが増《ふ》えるよ!!

磁石《じしゃく》ばねの重《おも》さはどうなるかというと、磁石《じしゃく》2個《こ》の重《おも》さとまったく同《おな》じになるんだ。それは反発力《はんぱつりょく》によって上《うえ》の磁石《じしゃく》の重《おも》さ分《ぶん》が、下《した》の磁石《じしゃく》にかかっているからなんだ。上《うえ》の磁石《じしゃく》を押《お》してみると、触《ふ》れてないのに重《おも》さも増《ふ》えるぞ！

めざせ！磁石博士《じしゃくはかせ》

磁力《じりょく》で動《うご》く未来《みらい》の乗《の》り物《もの》

リニアモーターカー

リニアモーターカーっていう乗《の》り物《もの》を知《し》ってる？　なんとその動力《どうりょく》は……!?

↑これが実験中《じっけんちゅう》の最新式《さいしんしき》リニアモーターカーだ！

超《ちょう》電導《でんどう》磁気《じき》浮《ふ》上式《じょうしき》リニアモーターカーの試《し》験走行《けんそうこう》が、山梨《やまなし》リニア実験《じっけん》線《せん》で行《おこな》われているのを知《し》ってるかい。「磁気浮《じきふ》上式《じょうしき》」というくらいだから、もちろん磁力《じりょく》を利用《りよう》しているんだ。

その前《まえ》に、電磁石《でんじしゃく》のことを説明《せつめい》しておこう。電気《でんき》と磁気《じき》には実《じつ》はとても密接《みっせつ》な関係《かんけい》があって、電気《でんき》から磁気《じき》が生《う》まれ、磁気《じき》から電《でん》気《き》が生《う》まれるんだ。超電導《ちょうでんどう》という、電気抵抗《でんきていこう》をゼロにして電気《でんき》をずっと流《なが》しておく技術《ぎじゅつ》と、電気《でんき》から磁気《じき》が生《う》まれる電磁石《でんじしゃく》の力《ちから》を合《あ》わせて、リニアモーターカーは動《うご》いているんだ。

まずはリニアモーターカーを進《すす》ませる力《ちから》。地上《ちじょう》のガイドウェイの壁《かべ》に付《つ》いた推進《すいしん》コイルに、リニアモーターカーを進《すす》ませる範囲《はんい》だけ電気《でんき》を流《なが》して電磁石《でんじしゃく》にするんだ。そして、車両《しゃりょう》の両脇《りょうわき》に付《つ》いた超電導磁石《ちょうでんどうじしゃく》と

↑リニアモーターカーのガイドウェイ。両側《りょうがわ》の壁《かべ》の表面《ひょうめん》に浮上《ふじょう》・案内《あんない》コイルが、その内側《うちがわ》に推進《すいしん》コイルがあるんだ。

の間《あいだ》で、引《ひ》きよせる力《ちから》、反発《はんぱつ》する力《ちから》を利用《りよう》して、高速《こうそく》で進《すす》むことができるんだ。

次《つぎ》はリニアモーターカーを浮《う》かす力《ちから》。リニアモーターカーはなんと、空中《くうちゅう》に浮《う》いた状態《じょうたい》で進《すす》むんだ。車両《しゃりょう》の両脇《りょうわき》に付《つ》いた超電導磁石《ちょうでんどうじしゃく》が、ガイドウェイの壁《かべ》に付《つ》いた浮上《ふじょう》・案内《あんない》コイルに高速《こうそく》で近《ちか》づくと、誘導電流《ゆうどうでんりゅう》が自動的《じどうてき》に流《なが》れて、電磁石《でんじしゃく》となるんだ。超電導磁石《ちょうでんどうじしゃく》と浮上《ふじょう》・案内《あんない》コイルの間《あいだ》の反発《はんぱつ》する力《ちから》と引《ひ》きよせる力《ちから》が、浮《う》く力《ちから》を生《う》み出《だ》しているんだ。

リニアモーターカーの現在《げんざい》までの最高時速《さいこうじそく》は、時速《じそく》552km！ なんと新幹線《しんかんせん》の2倍《ばい》の速《はや》さなのだ。そんな速《はや》さが出《だ》せるのも、すべて磁力《じりょく》のおかげ！ 遠《とお》くない未来《みらい》に、磁力《じりょく》で動《うご》くリニアモーターカーにキミも乗《の》れる日《ひ》が来《く》るかも！

キミもリニアモーターカーが見《み》られる！

山梨県立《やまなしけんりつ》リニア見学《けんがく》センターでは、山梨《やまなし》リニア実験線《じっけんせん》での走行試験《そうこうしけん》を見学《けんがく》することができるよ。ほかにも、リニアモーターカーのことがわかる展示《てんじ》がいっぱいなんだ！

山梨県立《やまなしけんりつ》リニア見学《けんがく》センター

住所《じゅうしょ》：山梨県都留市小形山《やまなしけんつるしおがたやま》2381　電話《でんわ》：0554-45-8121
開館時間《かいかんじかん》：午前《ごぜん》9時《じ》～午後《ごご》5時《じ》　休館日《きゅうかんび》：毎週月曜日《まいしゅうげつようび》、祝日《しゅくじつ》の翌日《よくじつ》、年末年始《ねんまつねんし》　入館料《にゅうかんりょう》：無料《むりょう》

 写真協力：財団法人鉄道総合技術研究所

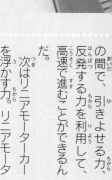

staff

■原作／青山剛昌
■監修／ガリレオ工房
■まんが／金井正幸
■構成／岩岡としえ
■実験イラスト／かねこ統
■ＤＴＰ／江戸製版印刷株式会社
■デザイン／竹歳明弘（STUDIO BEAT）
■編集協力／新村徳之（DAN）

■編集／藤田健彦

◎参考文献

ガリレオ工房のおもしろ実験クラブ８
「磁石の不思議パワー」（ポプラ社）
ガリレオ工房の科学あそび PART 1, 2（実教出版）
ガリレオ工房の身近な道具で大実験 第１集（大月書店）

小学館学習まんがシリーズ
名探偵コナン実験・観察ファイル
サイエンスコナン 磁石の不思議

2003年 8月20日　初版第1刷発行
2021年10月 6日　第16刷発行

発行者　野村敦司
発行所　株式会社　小学館
〒101-8001
東京都千代田区一ツ橋 2-3-1
電話　編集／03(3230)5632
販売／03(5281)3555

印刷所　図書印刷株式会社
製本所　共同製本株式会社

ISBN　4-09-296103-0　Shogakukan,Inc.

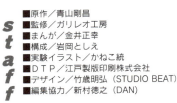